我和我的焦虑怪兽

Your Anxiety Beast and You

［美］埃里克·古德曼（Eric Goodman）著
［美］露易丝·加德纳（Louise Gardner）绘
曾艺明 译

谨以此书献给我们所有人心中的焦虑怪兽。
即使大多数时候焦虑怪兽的判断是错误的，
但它总是尽力帮助我们。
感谢警惕的焦虑怪兽让我们活下来。

目 录

作者的话　　　　　　　　　　　　　　　　　　　1

引　言　你的内心有一只焦虑怪兽　　　　　　　　3

第一章　社会上关于焦虑的信息都是错误的　　　　7
　　　　……并且让我们感到痛苦

第二章　了解焦虑怪兽　　　　　　　　　　　　　37
　　　　被误解的内心伙伴

第三章　学会喜欢焦虑怪兽　　　　　　　　　　　61
　　　　以慈悲心应对焦虑

第四章　焦虑怪兽的行为问题　　　　　　　　　　83
　　　　当焦虑变成恐惧

第五章　如何与焦虑怪兽沟通？　　　　　　　　　109
　　　　应对焦虑想法

第六章　当焦虑怪兽发怒时，什么该做，什么不该做？　　131
　　　　　如何应对高度焦虑？

第七章　训练焦虑怪兽　　157
　　　　　使用抑制性学习方法让暴露疗法发挥最佳效果

第八章　与内心的焦虑伙伴同行的人生之路　　195
　　　　　你想朝哪个方向前进？

致　谢　　203

参考文献与推荐阅读　　207

作者的话

心理治疗师的治疗工具包括使用强有力的隐喻来标记问题。这些隐喻通常被用来激励患者战胜对手,例如,焦虑是一个"恶霸""恶棍""骗子"或"竞争对手"。

我曾接受使用对手隐喻来描述焦虑的训练。早期为患者做心理治疗时,我经常把焦虑描述为"骗子""竞争对手",甚至"达斯·维达"(译注: Darth Vader,《星球大战》系列电影中的反派角色)。后来,我有幸参加了慈悲聚焦疗法的创始人保罗·吉尔伯特博士(Dr Paul Gilbert)的培训研讨会,他帮助我意识到,通过将隐喻变得更具慈悲心,我们可以帮助人们从"威胁与自我保护系统"(我有危险!)或"驱动和资源寻求系统"(我需要肾上腺素的刺激来帮助我击败敌人!)切换到"抚慰和联结系统"(我的焦虑怪兽是出于好意,它只是想帮我,我不需要和它抗争)。

我开始将慈悲聚焦疗法应用到临床工作和我自己的内心世界中。从"对抗"到"慈悲心"的转变,帮助我的患者们(和我)更从容地应对焦虑。这促使了"焦虑怪兽"的出现。使用"怪兽"这个词乍听起来可能会有敌意,但它来自童话故事《美女与野兽》(Beauty and the Beast),在这个故事中,野兽的外表具有很大的欺骗性。

本书旨在成为一本应对焦虑的指南,积极地参与书中的练习比被动阅读更有益。我专门从事治疗焦虑症和强迫症,书中的案例(除了我自己的经历）并非来自我的患者，而是我在治疗实践中常常遇到的挑战和问题的代表。为了让阅读更顺畅，我把参考文献和推荐阅读放在全书的结尾。

祝您在阅读本书的旅途中一切顺利。

引 言
你的内心有一只焦虑怪兽

《美女与野兽》是一个童话故事,讲述了一位年轻女子被一头凶猛的野兽恐吓。在故事的开头,野兽似乎是狡猾的敌人。随着故事情节的发展,美女开始看清野兽的真实面目——一位不完美的英雄。

在野兽状态好的时候,它仍然臭得像一只湿漉漉的狗。它会在满月时发出尖锐刺耳的嚎叫声,还会不合时宜地搔头抓耳。尽管有很多缺点,它仍然是一位英雄。美女遇见野兽时,它尖锐的咆哮和粗鲁的跺脚让她觉得它面目可憎。她没有看到在狰狞丑陋的外表和暴躁粗鲁的举止背后,野兽其实有一颗善良的心,它是出于好意。

焦虑有时也让人感觉糟糕极了,它会在我们的大脑和身体里大声咆哮。其实,我们深深误解了焦虑。当我们克服逃避本能去认识焦虑时,会发现它并不像有时看起来的那样邪恶。到头来,我们会发现心中的焦虑怪兽是为了帮助和保护我们而存在的。

在日常生活中,大多数人都有过焦虑像凶猛的野兽那样在大脑中咆哮的经历。但如今的文化把"禅"的平和视为人们应努力追求的理想,把焦虑视为一个人一生中如野兽般凶恶的反派角色。

生活中的大量信息告诉我们"焦虑是不正常的",在这种情况下,我们有时感受到的焦虑会带给我们失败感或羞耻感。这只会让焦虑雪上加霜。

人们总是想要逃避心中的焦虑怪兽，可能通过一两种网络娱乐来逃避焦虑，可能通过服用各种药物来麻痹自我，可能通过逃避引发焦虑的活动——比如约会、公开演讲、乘飞机或其他被误认为有威胁的事情——来寻求解脱。

但焦虑怪兽总是能找到回家的路，它总是在那里，藏在你的大脑中，等待着下一次咆哮。可是，焦虑怪兽真的是反派角色吗？

在本书中，你将了解为什么焦虑怪兽往往被误认为是敌人，你将以全新的视角重新审视焦虑，你将发现焦虑并不是坏人，而是不完美的英雄。

焦虑是人类生存所必需的。本书没有追随大流，认为我们可以也必须克服这种正常且必要的情绪，而是着重于改变我们与内心的焦虑怪兽的关系。与其把焦虑视为敌人（并且感到羞耻和痛苦），不如把它视为内心的英雄——一位吵吵闹闹、臭气熏天、鲁莽妄动、呆头呆脑却总是心怀善意的英雄。

本书采用了科学疗法策略，比如认知行为疗法、慈悲聚焦疗法、接纳与承诺疗法，为读者提供了与焦虑怪兽建立良好关系的实践手册。这种新型关系建立在人们对内心的焦虑怪兽更加友善、慈悲并能够积极地训练它成为更好的伙伴的基础上。

如果你想要继续憎恨心中的焦虑怪兽，与之斗争，并最终彻底摆脱它，本书（特别是第三章）可能会让你大吃一惊。如果你真的这样想，可以放下本书了。

如果你准备跳到童话故事的后半部分，意识到心中的焦虑怪兽并没有那么糟糕，想要迎接有挑战但有益的任务，与你的"小野兽"交朋友并且训练它，那么请继续阅读。

我还是个孩子，我和爸爸一起坐在车里，他开车在高速公路上行驶。和往常一样，车速很快。

晨光熹微。我还在半梦半醒中，爸爸心不在焉地望着前方黑暗的道路。

当我看到前方的道路上有什么东西时，我差点又一次酣然入梦。

"醒醒——危险！"焦虑在我的神经系统里轰鸣。

我被惊醒了。肾上腺素在身体里狂飙，心脏剧烈地搏动，将血液和氧气输送到肌肉里。我完全醒了，全神贯注地盯着前方。

"当心！快停车！"我朝爸爸大喊。

他突然警觉起来并猛踩刹车，我们打滑停住，险些撞上前方道路上的一辆半挂式卡车。

还好，我们还活着。

第一章
社会上关于焦虑的信息都是错误的
……并且让我们感到痛苦

当你想睡觉的时候,焦虑可能会像一只贪婪的野兽大肆咆哮。在你知道自己很安全的情况下,它仍发出表示危险的吼叫。当你想集中注意力时,它的鬼咤狼嚎让你分心。它不断警告你,让你远离自己真正想过的生活,并且它可能会让你感到很受伤。

怀着"想让焦虑赶紧消失"的情绪去生活难乎其难。不过,想要赶走焦虑怪兽,逼它永远离开自己的大脑,这种想法也是人之常情。

"焦虑不好而且很折磨人"是一个根深蒂固的观念。和大多数人一样，你可能从来没有怀疑过这个观念——它听起来挺正确。

你如何看待自己的焦虑？

在下面的表格中勾选符合你的所有选项。

	我讨厌焦虑！
	我只想让焦虑走开，别来打扰我！
	焦虑是一种病，我要治好它！
	焦虑就像恶魔，侵入我的大脑让我痛苦！
	焦虑想要击败我！
	焦虑是我的敌人，我必须和它斗争或者摆脱它！
	别人过着平静的生活，我却被焦虑诅咒！
	焦虑以折磨我为乐。
	焦虑就是我人生故事里的反派角色！
	以上都符合，而且还有更多！

"焦虑不好"这一观念从何而来？

为什么我们对焦虑又爱又恨？

因为焦虑让人心烦意乱！

你只是想平静地过日子，突然，你心中的焦虑怪兽开始嚎叫！我所说的嚎叫，是指大脑中充斥着险象环生、令人惶惶不安的想法和画面。

你会被解雇的！

你失控了！

你会恐慌发作的!

你会心脏病发作的!

你可能会晕过去!

你可能考试不及格!

你逃不掉的!

你回不到安全的地方了!

你不可能及时赶到洗手间!

你会窒息的!(比喻或字面意思)

你这是自取其辱!

你永远不可能感觉好多了!

这里没人喜欢你!

你可能会窒息!

飞机要坠毁了!

你会死的!

写下让你感到焦虑的想法:

_____
_____
_____
_____
_____
_____
_____
_____

当焦虑怪兽在你的脑中刺耳嚎叫时，你的身体也会出状况。你可能会有一系列感觉，包括：

- 紧张不安
- 易怒
- 肌肉紧张
- 出汗
- 颤抖
- 麻木
- 心跳加速或心悸
- 胸痛
- 胃部不适甚至呕吐
- 尿频或肠胃蠕动
- 胸闷
- 头晕目眩
- 双腿无力
- 呼吸短促/窒息
- 耳鸣
- 性功能障碍
- 口干
- 呛噎/喉咙感觉有异物
- 发冷或潮热
- 头晕
- 感觉自己或所处的情形不真实

你经历过哪些因焦虑而产生的身体感觉?

_____
_____
_____
_____
_____
_____
_____
_____

这些症状的范围从几乎不被察觉的痛苦到极度痛苦。在稀松平常的一天,你可能突然被焦虑或恐慌击倒,你的肠子也会因焦虑而疼痛!

当焦虑咆哮时,你可以听到它,当然也可以感觉到它!和其他所有物种一样,我们人类生来就想寻求安慰和避免痛苦。难怪你只想让焦虑停下来。

> 如果你有类似的感觉并且还没有去看医生,建议尽快就医。排除可能导致或加剧这些症状的疾病很重要。

焦虑会让你错过你珍视的东西

当你想走出家门过自己想要的生活时,焦虑怪兽可能会大声嚎叫并阻止你。当你想改变生活(比如转行)时,它也可能嚎叫。也许你想尝试约会，但一想到要下载最新的约会软件，焦虑怪兽就嚎叫起来。也许你早就应该向老板提出加薪——你知道这是你应得的，但心中的焦虑怪兽却警告你："你可不敢！"

当焦虑怪兽对生活中重要的事情咆哮时，它会在你的内心深处生成一种逃避这些事情的强烈冲动。如果焦虑怪兽成功说服你逃避了这些重要的事情，你就没有按照自己的意愿生活。

当一件事对你而言非常重要时，焦虑怪兽很可能会在某个时候因此嚎叫。以下是焦虑怪兽如何支配生活的一些例子：

约会和恋爱关系

如果他/她不喜欢你怎么办？

如果你出糗了怎么办？

如果他/她是连环杀人犯呢？

你自己待着更安全！

家庭和友谊

如果飞机在去看望母亲的路上坠毁了怎么办？还是待在家里吧！

出门认识新朋友太难了！

你会被羞辱的！

教育和事业

如果你不是班上的尖子生，那你就是个失败者！

你的尝试一定会失败！

面试会让你很不舒服——他们会觉得你很奇怪！

如果你提出加薪，你会被解雇的！

那份工作不是你能胜任的，你会出糗的！

健康和幸福

你太老了，不适合去那家健身房——你会显得太不合群！

如果锻炼，你的心脏会受不了的！

你冥想的样子很可笑！

如果你独自走，人们会认为没有人喜欢你！

只要待在安全舒适的地方就好了！

冒险和假期

你会迷路、感到孤独、被攻击或被抢劫。

汽车、飞机、公共汽车、火车或船舶可能会出事！

如果找不到酒店、酒店太吵、酒店住满了坏人或危险的人、室内有种挥之不去的气味，该怎么办？

不如用看 Netflix 来代替冒险吧？

爱好和运动

如果你不喜欢、不擅长、不合群、不懂规则，或者别人觉得你的爱好很愚蠢，该怎么办？

信仰

如果上帝并不存在，怎么办？

如果真有上帝但她不喜欢你，怎么办？

如果你向错误的上帝祈祷，怎么办？

如果你下了地狱，怎么办？

如果你去了天堂，那里很无聊也没有手机信号，怎么办？

如果你死前没有想明白这一切，怎么办？

道德和行为准则

如果你要杀掉你最爱的人，怎么办？

如果你要做坏事，而且是最坏的事情，怎么办？

如果你才是那头怪兽，怎么办？

当然，还有你的生活！

你可能会受伤。

你可能病得很重！

小心点，否则你会死的！

焦虑还针对了你生活中哪些重要的领域？

_____

_____

_____

_____

_____

_____

_____

_____

_____

社会把焦虑妖魔化，造成了如此多的焦虑！

有很多原因可以解释为什么现代生活增加了我们的焦虑。首先，现代科技经常向人们传递这样的信息：自信和快乐是理想的（也是正常的）情绪，需要为之奋斗。因此，当焦虑出现在生活中时，我们很容易错误地认为：自己没有好好生活，自己的感觉不对劲。

近年来，科技已经紧密融入人们的日常生活中。

大多数人早上醒来做的第一件事是什么？玩手机和上网。对很多人来说，这也是他们晚上睡觉前要做的最后一件事。

一天中的其他时间里还有什么呢？越来越多的社交媒体信息、24小时不间断的新闻、不胜枚举的电视节目、越来越复杂的个性化广告。

如果你能回到五十年前，向互联网出现之前的人们描述这个画面，他们可能会认为你在描述一部科幻小说，但这些情况如今是真实存在的。

如今，年轻人之间的互动更多是虚拟的。据报道，美国 90% 的年轻人每天都使用社交媒体，四分之一的青少年"几乎一直在"使用社交媒体。有些人焦虑水平的上升与投入越来越多时间使用社交媒体有关。[1]

这种焦虑的增加是由多种因素造成的。其中一个因素是年轻人从同龄人那里收到的负面反馈越来越多，甚至达到了恶意网络欺凌的地步。通过电子设备交流而不是看着别人的眼睛，让人们更容易粗鲁甚至残忍地对待另一个人。

家一直以来都是人们远离外部世界的考验、寻求安慰的地方。但如今，正因为你手中的电子设备，负面信息能闯进你家甚至你的床上。家，已经不再是"庇护所"。

社交媒体带来的另一个挑战是：其他人生活中的压力会立刻、直接地传达给你。在人类历史的大部分时间里，我们担心的范围只局限在很小的部落里。而"现代部落"没有边界，在世界另一端的人经历的创伤（和在推文中提到的内容）会对我们的身心健康产生负面影响（尽管它也可以充当有益的行动号召）。

另外，还存在错失恐惧症。

如今，错失恐惧症已是焦虑带来的全球现象。无论你在世界的哪个角落，都有一张 Instagram 照片告诉你，你在错误的时间出现在了错误的地点，和错误的人吃着错误的东西，有着错误的情绪！不管你在哪里、在做什么，你都是错的！

当你浏览他人社交媒体上的照片和帖子，消极地将自己的生活和这些内容比较时，焦虑的咆哮会更强烈。

在社交媒体的比较之下，你的生活永远不够好。当你正在享受期待已久的海滩度假时，看到一条朋友在聚会上玩得很开心的帖子会让你觉得自己错过了什么！

也许，有可能是你的朋友在分享他们在海边度假的迷人照片。这对你有什么影响呢？你需要支付账单、做家务、履行自己的职责，甚至还要面对雨雪和寒冷的天气。与朋友的热带探险相比，你和其他朋友们的聚会感觉像无足轻重的安慰。

无论你在生活中做什么，你都可能觉得，如果能生活在片面的完美虚构中，你会过得更好，就像你浏览 Instagram 推送时看到的那样。现实是，你仍然是人，仍然会经历一些不总是代表笑脸表情符号的情绪。

除了社交媒体带来的错失恐惧症，你还得忍受五花八门的广告的狂轰乱炸。这些广告的设计让你觉得自己或自己的生活存在棘手的问题，只有某个产品或服务可以解决。同时，这些广告越来越匹配你的搜索关键词，这意味着广告商能够更精准地针对你内心深处的渴望——以及不安全感。

此外，大量的电影、电视剧和电视节目也闯进了你的生活，你可以随时随地通过流媒体播放它们。在人类历史上，人们学会了忍受长时间的闲暇；而如今，层出不穷的影视节目随时准备着唤醒你的神经系统（比如各种动作片、恐怖片和惊悚片）。

这些影视节目不仅让神经系统兴奋起来，其中的英雄们还具有常人难以企及的标准，人们拿这些标准与自己的生活相比较。他们是专业演员，由专业人员精心化妆打扮，被给予无限次重拍机会，通常具有无与伦比的魅力。这些完美形象会让你心中的焦虑怪兽嚎叫着说：相比之下，你自己确实有问题。

……更可怕的是，我们每天都要面对没完没了的新闻。

也许和许多人一样，你通过浏览最新的新闻寻求短暂的庇护，释放积攒了一天的压力。匆匆浏览一下新闻，会有什么坏处呢？

以前的人们可能会在晚餐时间看报纸或者半小时新闻节目。如今的新闻完全不同：24 小时不间断推送，点击诱饵层出不穷，令人焦虑的信息如洪水般泛滥。

在我写到这里的时候，我快速浏览了一下推送给我的新闻摘要：

- 气候变化将导致世界末日，建议暂缓购买滨水房产。
- 那个遭人唾弃的政客失控了，正在给国家甚至世界带来"末日"。当我切换新闻推送时，又出现：他的反对派才是恶人，必须被阻止！
- 你喜欢的食物会害死你，但上周你觉得会害死自己而强迫自己不吃的食物，现在又被认为对身体有益。
- 你非常喜欢的演员是性侵犯。
- 有移民会来杀掉你。
- 你们当中有种族主义者。
- 社交媒体巨头正在监视你，监视你在互联网上的每一次点击！
- 核军备竞赛又开始了。
- 恐怖分子随时随地准备引爆大规模杀伤性武器。
- 昆虫数量正在减少，将威胁整条食物链。

这些信息都来自我花五分钟时间在手机上浏览的新闻。许多人在家里整天开着新闻节目！难怪这些消息会让焦虑怪兽在恐惧中咆哮！

除了科技生活带来的焦虑增加，我们的育儿方式也发生了文化转变，这也让世界各地的焦虑怪兽感到不安。

目前社会上存在过度育儿的压力，增加了子女及其父母的焦虑。育儿哲学已经从过去几代人的"大人说话，小孩别插嘴"的不干涉哲学，转变为"我的孩子必须是最聪明、最具吸引力、最时尚、最健壮、最特别的，否则我作为父母就彻底失败了"。

这种向"直升机式育儿"（父母成天过度参与孩子的生活）的文化转变导致焦虑、抑郁，以及不断增加的"当我进入现实世界时，我为什么不特别"的想法。[2]

与之相关的是"铲雪车式育儿"，也就是在子女有机会学习如何应对焦虑、挫折和失败并且安然度过（如此重要的一课！）之前，家长就清除了他们遇到的障碍。例如，有些家长会联系子女的大学教授，要求提高自家孩子的分数。

现代文化和技术已经唤醒了焦虑怪兽，专家们适时地告诉我们："焦虑是你需要去战胜的反派角色。"关于焦虑的文章、博客、视频、讲座和书籍层出不穷，它们都把焦虑视为我们人生故事中的恶人。只要在谷歌上快速搜索一下，我们就会被各种标题和副标题包围：

> 让你的孩子摆脱焦虑
>
> 消除忧虑
>
> 焦虑疗法
>
> 无忧无虑的孩子
>
> 停止焦虑和恐慌发作的秘诀
>
> 如何摆脱焦虑
>
> 消失吧，焦虑
>
> 终结焦虑的勇敢新方式
>
> 21天，无所畏惧
>
> 战胜焦虑，发挥你的全部潜力

> 停止焦虑和恐慌发作的绝佳方法
>
> 击败焦虑
>
> 摆脱焦虑和恐慌并感到轻松的简单技巧
>
> 治愈焦虑
>
> 终结焦虑
>
> 6个简单步骤永久克服社交焦虑和自卑
>
> 快速终结焦虑和恐慌的最新方法
>
> 克服焦虑
>
> 去他的焦虑!

这些书中有许多蕴含"如何面对焦虑好好生活"的智慧,其中一些作品也在我的书架上。它们通常传递的信息是:"焦虑是你需要战胜的对手。"有时,我们的确会有这种感觉。事实上,焦虑也是生活的一部分。就像我们有时会感到沮丧、悲伤或烦恼无法避免,焦虑也在所难免。情绪,即使是不舒服的情绪,也是生活的一部分。无论我们读了多少书、文章和博客,看了多少视频,咨询了多少权威治疗师和精神领袖,服用了多少中药和西药,进行了多少训练,现实是我们有时仍会感到焦虑,而且焦虑程度可能会上升。

最近的研究表明,近40%的成年人认为他们的焦虑水平在不断上升,这份研究涵盖各年龄层和种族的人口。[3]同样,近年来儿童和青少年的焦虑症状也呈上升趋势。[4]1985年的大学生被问及他们是否对所有必须做的事情感到"不知所措"时,有18%的人回答"是"。2000年,这一数字上升到28%。2016年,这一数字跃升至近41%。[5]此外,95%的校园心理咨询主任报告说,严重的心理健康问题日益严峻,其中焦虑是最令人担忧的问题。[6]

现代世界一边增加我们的焦虑，一边告诉我们焦虑是不对的，难怪我们会把焦虑怪兽视为敌人。

把焦虑视为恶人的代价是什么？

焦虑是正常的情绪，憎恨焦虑怪兽得不偿失。

一个正常人的生活由各种情绪组成，包含不同程度、不同特点、不同组合的快乐、悲伤、愤怒和恐惧。我们无法通过观察他人的社交面具（人们向外界展示的自己）来看清实际情况。在看到大多数人平静的外在时，我们很容易得到这样一种印象：有方法可以让自己100%无忧无虑。

如果你认同这种信念,相信焦虑是必须被根除的恶人,那么每次焦虑怪兽不可避免地咆哮时,你都会觉得自己是个失败者。这种失败感不仅会让你感到焦虑,还会让你感到自责和羞耻,你也会总是觉得有敌人住在你的脑中,用它连绵不绝的噪声折磨着你!

> 当我还是美国东北大学心理学专业一名年轻天真的学生时,我以为成为心理学家就像去霍格沃茨魔法学校上学,能学到让人们永远摆脱不愉快情绪的"魔法"。
>
> 我在每一项关于焦虑的研究中看到的是:即使是在最好的研究中采取最佳的干预手段,也不能完全根除焦虑或接近完全"治愈"。它们确实缓解了大多数人的焦虑,提高了他们的生活质量,这些都很美好,但焦虑在某种程度上仍然是他们在生活中必须面对的现实。

把焦虑怪兽视为恶人,会让你对自己的焦虑感到焦虑

当你遇到恶人的时候,你是什么感觉?也许是和你闹翻的某位"朋友"?也许是你出轨的前男友或前女友?也许是你的前老板,为他工作简直是一场噩梦?

当你无意中在一个你甚至不想参加的社交聚会上偶遇这些人时,你的身体和头脑有什么

样的感觉？你的心率加快，肌肉紧张，恐惧感出现，想要逃避的冲动出现——甚至有攻击他们的想法。

如果这个恶人是你的情绪，它存在于你的神经系统中，那么这种焦虑感就会一次又一次地转向内心。你无法长时间隐藏自己的想法。正如乔·卡巴-金（Jon Kabat-Zinn）所说："身在，心在。"

像对待敌人那样对待焦虑怪兽会引发痛苦

当你憎恨并对抗焦虑时，它的声音只会变得更大。每当你与现状抗争时，痛苦都会增加。当你牙痛时，如果绷紧肌肉屏住呼吸，与自己的感受对抗，诅咒命运，你会觉得很难受。

生活有时很艰难，有强烈的冲动来对抗或逃避情绪上的不适是正常

的。与在战场上征服或躲避敌人不同，无论你多么努力地与焦虑斗争，它依然时隐时现。像对待敌人那样对待焦虑意味着你在自己的内心苦苦挣扎，那里没有胜利，只有更多的痛苦。

如果焦虑怪兽不是你的敌人呢？

与其像对待恶人那样对待焦虑，逃避焦虑或与焦虑斗争，我们还有一种方式，它从改变你看待焦虑的方式开始。

即使焦虑有时会让你受伤，即使它会让你逃避一些对你很重要的事情，即使你生活在鄙视焦虑的文化环境中，焦虑也不一定是你生活中的恶人。焦虑不一定是你的敌人。毕竟，你最喜欢的电视心理学家、治疗师，以及每一个写过书、文章或博客来帮助人们摆脱焦虑的人也会焦虑。不管喜欢与否，焦虑在某种程度上仍将是我们生活的一部分。

英雄！

但有严重的缺陷……

既然把焦虑当作敌人让你痛苦不堪，是时候用全新的眼光来看待焦虑了。

如果焦虑怪兽不是恶人，那么它究竟是什么？

就像在童话故事中，美女发现邪恶的野兽在肮脏的外表下其实有一颗金子般的心，你也会发现，尽管焦虑怪兽的咆哮无疑让你怏怏不乐，它却从未希望你受到任何伤害。

焦虑怪兽只有一个任务：保护你免受威胁。就像一位强大的英雄，它守护着你的生活，时刻警惕，努力保卫你的安全。

焦虑怪兽唯一想做的，就是保护你免受威胁，它通过触发身体反应来做到这一点，这些反应赋予你特定的应急能力来应对感知到的威胁。也就是说，焦虑怪兽能够激活你的身体里处理威胁的小小超能力。这些超能力往往能得到大幅度的增强，包括专注力、能量水平、力量和保护力。（顺便提一句，这些超能力可能产生的副作用包括紧张不安、出汗、颤抖、麻木、心跳加速或心悸、胸痛、胃部不适甚至呕吐、尿频或肠胃蠕动、头晕目眩、双腿无力、呼吸短促、窒息感、耳鸣、性功能障碍、口干、喉咙堵塞、发冷或潮热、头晕、感觉自己或所处情况不真实、感到恐慌。）

专注力：当焦虑怪兽察觉到潜在的威胁时，它会让你敏锐地关注威胁，不断地提醒你："看这边……看这边……看这边……看这边！"这让你很难把注意力放在威胁之外的事情上。焦虑怪兽会缩小你的视野（"隧道视野"），让你更专注于面前的"威胁"，不受周围环境的干扰。

能量水平：为了保护你，焦虑怪兽会刺激心血管系统，使心率和呼吸变得更快。这会给大脑和肌肉迅速提供氧气，为你提供对抗或摆脱威胁所需的额外能量。最重要的是，你的体内会释放更多的肾上腺素和皮质醇，这些激素也能为你提供额外的能量。

力量：增加的能量与肌肉的自动收缩相结合，最大限度地增强了你的力量。焦虑怪兽将血液从非必要的功能（如消化功能和性功能）中分流出来，释放资源，给予你强大的力量来对抗或摆脱威胁。

保护力：为了保证你的安全，恐惧充斥着大脑，促使你立即采取保护措施，使用已增强的专注力、能量水平和力量。在这种状态下，血液从手臂和双腿的表层血管流走，这不仅可以更好地为体内的肌肉提供能量，还可以降低因这些部位的伤口而流血致死的可能性。如果有捕食者试图抓住你，出汗会加剧，这会让你的体温下降，还能让你的体表变得更滑。在社交失误的情况下，有些人会自然而然地脸红，以此作为对潜在侵犯者的安抚信号。

当你面临威胁时，焦虑怪兽帮助你将这些超能力转变为闪电般迅速的作战计划。根据具体情况，该计划通常包括战斗、逃跑、僵住或安抚反应。[7]

战斗：如果焦虑怪兽认为你有能力向前冲锋并击败威胁，战斗会是焦虑怪兽的反应。这可能是抵御暴力袭击，或者责备吃了你放在办公室冰箱里的金枪鱼三明治的比阿特丽斯。如果焦虑怪兽认为你赢不了，那么它就会采取另一种反应。

逃跑：如果焦虑怪兽认为你无法战胜威胁，但认为你能够摆脱它，它会激励你为了生存而逃跑！这种情况可能发生在某个聚会上，你意识到自己不认识任何人，于是选择转身迅速离开。

僵住：当焦虑怪兽认为你无法战胜或避免这种威胁时，它会让你僵住。当你僵住时，威胁可能就不会看到你或者认为你已经死了，它会放过你，让你再多活一天。在学校里，你可能会遇到这种情况：老师在找学生回答一个你不懂的问题,这时你会盯着桌子,祈祷老师不要注意到你。

安抚:如果威胁更大、更快,而且已经找上了你,也许侵犯者可能更容易接受安抚(给他/她食物和你最诚挚的歉意,然后慢慢后退)。如果你遭遇持枪抢劫,最明智的做法是交出你的钱并祈祷一个好结果。

当你面临真正的威胁时,这些策略将对你很有用。

我最近问一名消防员:"如果你和队员冲进着火的大楼时不带着焦虑,会发生什么?"他马上回答:"我们会死的。"我从从战场归来身经百战的战士们那里也得到了类似的回答。

当警察、消防员、士兵勇敢地冲向危险时,他们的焦虑怪兽发出激烈的战斗咆哮,最大限度地发挥自己的能力来支持他们克服眼前的危险。

哪怕威胁没有那么直接,这些策略也可以很好地发挥用处。

人们为什么要戒烟?因为当他们伸手拿烟时,焦虑怪兽就会开始对他们咆哮。我喜欢吃很多油炸食品,然而焦虑怪兽让我想起了我的家族心脏病史,提醒我避免过量食用这种美味。

记住,焦虑怪兽只是想帮忙。

没错,焦虑的确会让人痛苦、分心,像野兽那般折磨你,但我们有必要记住:你的大脑并不是在折磨你,而是在尽力帮助你。尽管你内心的英雄总是尽力帮助你,它仍然有很多缺陷。

所有伟大的英雄都有弱点,都有一些让他们不那么完美的东西。对女超人来说,弱点是氪石;对阿喀琉斯来说,弱点是他的脚后跟;对蝙蝠侠来说……弱点是糟糕的系列电影。

对焦虑怪兽来说，弱点是"情境"

当我们面对一些具有潜在危险的事情时，焦虑怪兽为了保护我们会开始迅速行动，这是焦虑怪兽在正确的时间（当情况可能变得危险时）做正确的事情（试图保护你）。

我们无疑生活在人类历史上最安全的时代。尽管 24 小时轮播的新闻充满了悲观和负面消息，尽管战争、暴力和贫穷仍然存在，但对人类来说，这个时代实际上非常安全（并且食物更充足）。[8]

不幸的是，焦虑怪兽并不知道这个事实。就像还活在危险的史前社会，焦虑怪兽依然希望能保护你。在现代社会，它经常错误地嚎叫，来保护你远离那些可能非常安全的事情的伤害。

在这种情况下，焦虑怪兽相当于是在错误的情境下做正确的事情（试图保护你）。它把相当安全的情况误认为危险，在不到一眨眼的时间内便穿上斗篷开始行动。当你只是想做一个简单的工作汇报时，它的行为可能会让你很烦躁。

在现代社会，每当焦虑怪兽做出正确判断时，也会出现大量不同程度的错误警报。

例如，在姐姐的婚宴上，你祝酒时感到很紧张。难道你是真的处于危险之中，需要准备战斗或逃离你的姑母伯莎吗？

当飞机遇到气流颠簸时，你感到恐慌。焦虑怪兽咆哮着

让你紧紧抓住扶手，以便在空中支撑着飞机，这真的有必要吗？

在迪士尼乐园坐过山车时，肾上腺素飙升的感受如何？除了花一大笔钱买米奇炸面包棍，难道你真的身处危险之中吗？

焦虑怪兽在这些情况下有反应是因为情境。你显然是安全的，然而你的神经系统却在加速运转，就好像你有生命危险似的。虽然你的怪兽"保镖"有时过分热心，有时完全糊涂，但它是出于好意。

让我们来看看一些可能会让焦虑怪兽感到困惑的情境。

外部情境

这些是发生在你的身体之外的人物、地点、事物和情况。例如：

- 你可能会得到他人的负面评价的社交或工作场合
- 害怕他人可能伤害你（例如其他种族、宗教、信仰、国籍、社会阶层、竞争高中等）
- 能引发恐怖想法或记忆的地方
- 类似潜在污染物的东西
- 不对称的东西
- 约会
- 封闭的场所 / 禁闭
- 人群
- 高处
- 交通工具，如飞机或汽车
- 污染物，如细菌、体液或化学物质
- 独自一人（或与他人在一起）
- 离开家或待在家里

- 看医生
- 某些食物
- 噪声
- 黑暗
- 某人的外表
- 不确定的情况

可能让焦虑怪兽嚎叫的外部情境无穷无尽。
哪些外部因素会触发焦虑怪兽嚎叫"有危险"？

_____
_____
_____
_____
_____
_____
_____

内部情境

　　内部情境指的是发生在皮囊之下的情境，比如身体感觉、情绪、思想、心理意象和记忆。这些内部情境和发生在外部世界的事情一样，有可能让焦虑怪兽感到困惑。

身体感觉

焦虑怪兽可能错误地判读身体的各种感觉。

感觉	错误判读
心跳过快	心脏病发作！
头痛	脑肿瘤！
胃不舒服	癌症！
头晕	失控！
呼吸短促	窒息！

情绪

焦虑怪兽可能会觉得某些情绪是威胁。

感觉	错误判读
愤怒	如果失控杀了人，怎么办？
悲伤	如果一直感觉不好，怎么办？ 如果失去生活中一切美好的东西，怎么办？
快乐	事情进行得太顺利，一切都将崩溃！
厌恶	如果呕吐或恐慌发作，怎么办？
害怕	如果心脏病发作、恐慌发作或焦虑不停，怎么办？

讽刺的是，焦虑怪兽最关心的是它自己。就像捣蛋的小狗在镜子里看到"凶恶"的狗时便会狂吠，好像自己真的受到了威胁似的。当焦虑怪兽对着镜子里的自己嚎叫时，你是在因自己的焦虑感到焦虑。

> 克拉克真的要迟到了。电梯出了故障,为了准时赶到十二楼参加一个非常重要的会议,他只好拼命爬楼。
>
> 焦虑:快跑!错过会议可怎么办?你会被解雇的!你要没收入了!如果找不到别的工作怎么办?现在就是紧急情况!
>
> 然而到了七楼,迟到带来的压力和体力的消耗已经使他的心率上升到了让他的身体感到不适的水平。
>
> 焦虑:别管会议了,心脏病要发作了!现在就立即寻求帮助!
>
> 克拉克坐在台阶上拿出手机,谷歌搜索"心脏病发作症状"。唉,可是手机没信号了。

此刻,大脑中还有各种各样的情境。

思想、图像和记忆——天啊!

当你想象某件事时,大脑会做出反应,在某种程度上就好像这件事是真的。想象一下,现在你正准备吃你最喜欢的食物。如果美食就摆在你面前,会是什么样子?想象自己俯身前倾吸入美食的香气,把叉子或勺子举到唇边品尝美食。

当你想象的时候,大脑触发了唾液腺,让你的身体为即将到来的美味做准备,你的嘴巴会变得湿润。但这只是一个小故障,很遗憾,此时此刻并没有美食可以享用。

> 想象一种焦虑怪兽经常让你面对或避免的可怕情况。闭上眼睛,试着回忆那种令人焦虑的情境,试着想象自己身处其中。注

> 意自己会看到、听到和感到什么。同时，注意自己的身体反应。你是否感到肌肉变得紧张？呼吸变得急促？一股肾上腺素流在体内循环？

你天生就能想象未来可能发生的各种威胁。只要把这些想法和图像带到脑海中，你就会唤醒内心的保镖，它会让你为战斗做好准备——"没错，就是现在！"

你也能记住过去发生的各种威胁（比如和恋人吵架、和老板谈话、慢跑时差点被凶猛的狮子狗咬伤）。即使你没有离开内心的舒适区，焦虑怪兽还是可能过度保护你。

焦虑怪兽在做正确的事情，努力保护你免受这些威胁的影响，但是在错误的情境下，毕竟此时并没有威胁。

有些人的焦虑怪兽不仅害怕他们想象出来的东西，还害怕他们拥有这些想法这件事本身。

> 赛琳娜正在举办一个晚宴。
>
> 她在厨房里一边切菜做沙拉，一边和她最好的朋友聊天。当赛琳娜用她最大最锋利的刀子切菜时，她的朋友就站在身边。她突然想起最近看到的一则新闻，有人刺死了自己在乎的人。
>
> 焦虑：如果你折断刀，刺伤她了怎么办！别拿着刀离她那么近！
>
> 这个想法让赛琳娜感到恐惧。她走开几步，把刀和切菜板挪到一边。她的朋友继续和她闲聊，并慢慢靠近她。她拼命地想把刺杀朋友的念头从脑海中抹去。
>
> 焦虑：天哪，如果有这个想法就意味着你就会做可怎么办？！千万不要有刺伤人的念头！千万不要有刺伤人的念头！千万不要有刺伤人的念头！……
>
> 赛琳娜越是不去想，她的焦虑怪兽就越害怕，那个可怕的想法就越是在她的脑海中反复出现。

有时，这些想法与冲动同时发生。

冲动

有些焦虑怪兽会注意到你的各种冲动，当它注意到这些冲动时就会嚎叫。这些冲动可能来自脑中一个非常原始的部位，由于人类和蜥蜴

（以及许多其他动物）都有相同的脑结构，这个部位又被称为"爬行动物脑"。

如果有人在路上拦住你，你体内的爬行动物本能可能会让你有把他们赶走的冲动。如果你看到一个非常有魅力的人，而你正和伴侣手挽手走在街上，你可能会有抛弃伴侣、追求新欢的冲动。

这些原始的冲动与生俱来。它并不代表你是一个怎样的人，你的价值观是什么，你会选择采取什么行动。

然而，有些焦虑怪兽真的会立即行动，努力保护它们的主人不受这些冲动的影响。焦虑怪兽不想让你因攻击他人而坐牢，也不想让你因扑向一位路过的帅哥美女，失去一段良好的亲密关系所带来的安全感。

所幸现代人拥有新的脑结构——前额皮层，这让我们在面对冲动时能选择自己的行为。但有些焦虑怪兽仍旧会害怕，因为它觉得你一旦有冲动，就可能会突然采取行动。

哪些内部因素会触发焦虑怪兽嚎叫"有危险"？

不管你愿不愿意，你的内心都有一位焦虑英雄

焦虑不是你的错，它是人生经历的一部分。与其让焦虑变得更加强烈，在不舒服的基础上增加额外的痛苦，你可以通过掌控更接近人性的情绪来创造更好的生活。

在接下来的章节中，你将更多地了解焦虑怪兽：它来自哪里，如何与它建立良好的关系。在经历焦虑时，你将学会重新聚焦于接受，和焦虑怪兽一起创造更好的生活，而不是因焦虑感到痛苦、羞耻或苦恼。

与其困在与焦虑的战斗中，不如学会在面对焦虑时怀有慈悲心，这样就可以带着更少的痛苦前行，同时训练焦虑怪兽成为更好的人生伙伴。

第二章

了解焦虑怪兽
被误解的内心伙伴

了解焦虑怪兽前,我们需要思考一个问题:为什么人类处于食物链的顶端?

从生理上来说,人类在"地球上最强大的生物"中的排名并不高。人类不具备其他生物为了在弱肉强食的世界生存繁衍发展出来的身体能力和生存防御机制。

争夺食物链顶端统治地位的竞争者

竞争者	生存防御机制
大猩猩	力量、速度、锋利的牙齿
犀牛	巨大的体形、坚韧的皮肤、锋利的角
狮子	力量、利爪、尖牙、成群捕食
黑曼巴蛇	致命毒液
猎豹	高速奔跑、利爪、尖牙
鳄鱼	锋利的牙齿、极强的咬合力
大象	体形庞大、力量强大、快速移动、超强记忆力
人类	复杂的大脑袋,烦恼很多!

乍一看，有着笨重脑袋的人类似乎不太可能胜出。毕竟我们的身体很娇弱，我们跑得不快，也没那么强壮，没有坚硬的保护壳或温暖厚实的皮毛，牙齿也不锋利。即使最厉害的武林高手或身经百战的士兵，若没有人类智慧的支持（比如机枪），在野外面对一头成年大猩猩时也会很快败下阵来。

其他动物能在它们适应的气候环境中生存：北极熊能忍受极寒，蝎子在炙热的沙漠中逍遥自在。然而，在大多数气候条件下，赤裸生活在野外对人类来说相当致命。

然而，发达、独特、复杂的大脑让我们在全体动物中脱颖而出。人类是这个星球有史以来最强大的捕食者，这很大程度上是因为人脑让我们（和我们遥远的祖先）能够以复杂而有效的方式感知焦虑和担忧，这给予了我们巨大的生存和繁衍优势。

保罗·吉尔伯特博士举了一个生活在非洲塞伦盖蒂的瞪羚的例子[9]：

一天，一只瞪羚平静悠闲地吃着草地上的嫩草，突然它注意到一只凶悍的狮子正在偷偷靠近，离得越近，越令它不安。

突然间，竞赛开始了！狮子猛扑上来，瞪羚关于"战斗或逃跑"的强烈反应（这一次）给了它一点点优势，让它幸免成为狮子的午餐。

受惊的瞪羚回到相对安全舒适的集体之中……继续在平静的草地上吃草，无忧无虑。

想象身处此境的人类。虽然经受住了考验，人类的反应却大相径庭。一旦活着回到群体中，焦虑怪兽会立即开始从精神上穿越回这一创伤性事件，向大脑灌输未来可能与狮子相遇的图像。

这种焦虑会在创伤性事件结束后的很长一段时间内挥之不去，甚至可能带来影响一生的痛苦回忆。焦虑怪兽反反复复重现当时的情景：做什么事才能避免再次陷入如此危险的境地？

焦虑怪兽的嚎叫是有目的的，这将激励它更加警惕鬼鬼祟祟的狮子，为潜在袭击做好更充分的准备，以防万一。

焦虑怪兽的嚎叫和人类的重重担忧，促使人类发明了精密武器，发展了防御和战略部署。

为什么人类能够处于食物链的顶端？这个问题的答案是：人类有着这个星球上最大、最坏、最复杂的焦虑怪兽！地球上最忧心忡忡的动物

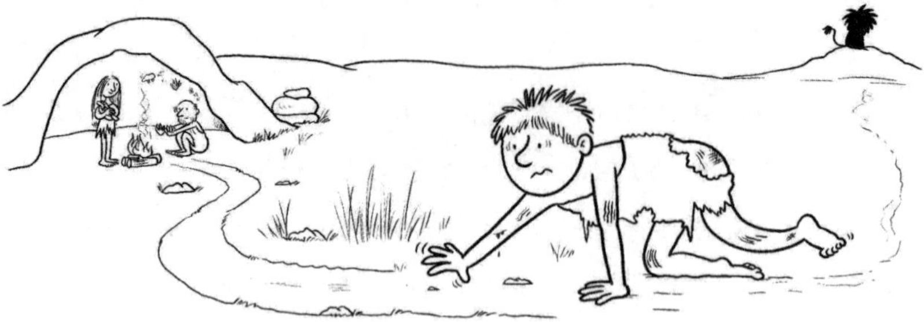

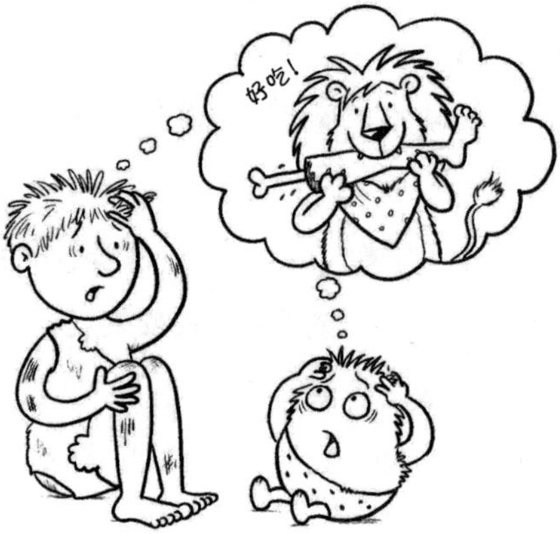
好吃!

是我们!

焦虑怪兽的起源：为什么我们如此焦虑？

焦虑并不是从现代人开始的，它起源于人类祖先生活的几十万年前，我们只不过碰巧是高度焦虑生物群体（即人类）中的一员。日久年深，焦虑怪兽就磨炼成了如今这个强大（但有时会发生故障）的内心保镖。

人类特定的生理因素（比如性情和健康状况），加上大量导致焦虑的人生经历，塑造了焦虑怪兽的性格。

先天遗传与后天习得的争论（我现在的样子是与生俱来的还是受环境影响的？）早已结束，答案是两者都有。先天因素和后天因素交织成一张复杂的网，决定了你是谁。这些因素的结合使焦虑怪兽变得如此……像野兽。

先天遗传：早期人类的适应性

人类体验焦虑的方式进化了数百万年，帮助人类在和现代非常不同、极具危险的环境中生存。

人类的史前祖先生存环境恶劣，他们既不处于食物链的顶端，还是潜伏在周围的捕食者们重要而美味的食物。当时恶劣的气候条件和危险的生存环境导致食物和其他资源匮乏，迫使人类祖先去适应。

在过去的几百万年里，人类祖先的大脑在大小和复杂性上不断进化，让我们比其他任何动物都更有能力进行推理（和担忧）。人脑进化并适应了日益复杂的社会秩序，包括语言和工具的使用。这些技能让史前人类在险象丛生的环境中渐渐适应和生存下来。

社交场合伴随着极大的风险。如果人类祖先在狩猎和采集时偶然发现了邻近部落，在当时极其有限的资源条件下，这可能意味着为了争夺资源而殊死搏斗。那些对陌生人有正常恐惧和戒备的祖先可能会活得更安全、更久（并将他们的 DNA 传给后代）。

在早期人类生活的小部落里，做一些让群体不高兴的事情可能会导致一个人的地位下降。这意味着他获得资源（比如食物或交配机会）的机会更少。更严重的社会罪行可能导致流放——这对史前人类来说是死刑。在社会不稳定的时代，拥有一只在危险的社会环境中保持警觉并及时嚎叫的焦虑怪兽，对早期人类的生存和发展至关重要。

同样，由于部落规模较小（大约 50~200 人），寻找配偶的压力会更大。如果被潜在配偶拒绝或被竞争对手击退，那么接触其他潜在配偶的机会将受到极大限制。

如今，让焦虑怪兽嚎叫的大多数事情其实都相当安全，但在史前时代，一些我们今天认为安全的东西在当时却是危险的。对掠食者来说，在黑暗中（没有电话或手电筒）是一个将落单的人作为睡前点心的好机会。巨大的噪声可能是其他动物令人毛骨悚然的吼声，也可能是同伴因恐惧发出的尖叫。如今，非理性的幽闭恐惧症源自早期人类害怕被困住或被捕食者袭击的恐惧；对高空飞行的恐惧源自早期人类从高空坠落的恐惧；对蛇和蜘蛛的恐惧源自早期人类每天都需要面对的威胁……

斗转星移，人类祖先的大脑慢慢发育，能更详细准确地分析各种威胁，并在特定危险发生时计划如何应对。后来，人类掌握了用火，能够使用更复杂的工具和武器，能够获得更好的营养，由复杂的社交动力组成的文化出现了。也就是说，人类虽然是相对脆弱的物种，却成了生存繁衍的大师。

世界还在不断变化，越来越多的语言和文化不断发展。人类生活仍然有些危险，但远没有史前时代那么危险。当我们不再互相争斗时，我们越来越擅长在大群体中照顾彼此。对绝大多数人来说，在大多数情况下，生活不再是每天为了生存而挣扎。

但是没有人告诉焦虑怪兽：情境早就变了。焦虑怪兽一如既往地保持警惕，随时准备采取行动保护我们。人类的生存环境变了：生活变得越来越轻松、安全，物质更有保障，我们也更少暴露在捕食者面前。

在过去的两百年里，人类生活发生了翻天覆地的变化，迎来了工业革命。在机器的助力下，更多人更容易获得丰富的资源。我们很难想象仅仅在三四代人之前，普通人的生活和现在有多么不同。

可是焦虑怪兽没有进化，它们继续搜寻威胁，努力帮助我们生存下来。它们发现了越来越多的威胁，可真正的危险很少。大脑有许多用来保护我们的机制，但对大多数人来说，许多东西不再是日常威胁。人类的大脑变得越来越跟不上时代了。例如，我们的大脑继续通过产生对高脂肪和高糖食物的渴望来保护我们免受饥饿，这在食物匮乏时至关重要，在相对富足的时代却适得其反。

再也没有剑齿虎躲在暗处准备突袭，但这并没有阻止我们的大脑继续发现威胁。

世界在不断变化，几乎在一夜之间，我们就发现自己置身于深深改变了世界的惊人科技中。

　　火车、汽车、飞机等机械交通工具的出现，意味着我们不再受出生地的地理限制。如今我们可以去地球上任何地方，与出生在千里之外、文化背景截然不同的人相遇。

　　然后，信息时代突然降临。二十世纪七十年代，信息时代再次改变了世界各地人类的生活。越来越多的人通过科技产业谋生，这与史前猎人和采集者的祖先相去甚远。越来越多的人开始过久坐不动的生活，不再去消耗焦虑怪兽嚎叫时产生的能量，导致大量的焦虑滞留在身体内。

　　文化和技术也在突飞猛进。如今的年轻人难以想象互联网、电脑和智能手机还没有紧密融入日常生活的时代。仅在过去的二十年里，科技奇迹就成了人类生活中不可或缺的一部分，远远超越我在科幻小说中读到的所有想象。

　　世界各地仍存在暴力和饥饿，但纵观人类历史，我们如今生活在一个舒适、安全的黄金时代。可是没有人告诉焦虑怪兽这翻天覆地的变化，它们仍然害怕那些尽管在今天还算安全，但在不久前却非常危险的情况。这是受人类遗传基因和生活经历的影响。

遗传性情

　　我们被动接受了人类祖先遗传给我们的特质。我们得到的通常是理想和非理想品质的混合。焦虑怪兽过分热情的特点是由我们出生时具有的特定性情决定的。

　　有些人天生拥有慢热型神经系统，他们更不适应变化，要求他们振作起来就和要求"不要弄湿水"一样困难，所有拥有这类性情的人都有同样的感受，但这不是他们的错。

　　另一些人天生就有一触即发的焦虑怪兽，他们有时被称为"高度敏感者"。对这些人来说,他们对感官信息(看到的、听到的、感觉到的、触摸到的、尝到的和闻到的)更为敏锐。感官信息进入他们的身体时就像一辆配置涡轮增压发动机的跑车,而不是缓慢稳定的轿车。

在早期人类部落中生活,拥有各种焦虑大有裨益。比如外出探险,有些人在路上被吃掉,但有些人发现了新的食物,而另一些人则留在聚居地附近,维持社区秩序并存活下来。在人类发展后期,对一些部落成员来说,寻找邻近的部落进行贸易交换有利可图,而另一些人则对"其他部落"持怀疑态度,认为这些部落并不会把他们的最大利益放在心上。这种现象在现代社会仍然存在,我们中的一些人天生比其他人更容易怀疑外部群体。

焦虑怪兽各不相同,我们无法决定也无法选择自己拥有哪种神经系统。如果你比较容易焦虑,这不是你的错,不是软弱的表现,也不是坏

兆头。如果你讨厌自己的性情和焦虑怪兽，你的痛苦就会增加。学会像专业人士那样"驾驶你的跑车"（也就是说，在紧张的神经系统的影响下好好生活），沿着你想要的人生道路前进，不要逃避焦虑让你避开的道路。

焦虑怪兽既是与生俱来的，也是由你的生活经历塑造的。

后天习得

吉尔伯特博士指出，一个人可能衍生出无数个变种，你只是万千变种之一。生活经历会影响一个人的性情。试想，如果出生时医院把婴儿们弄混了，婴儿由不同类型的人抚养长大，他们会变成什么样呢？

- 暴力的贩毒集团家族。如果在那种环境中长大，你还会像今天这样热爱和平、阅读自我成长书籍吗？很可能不会。你可能会被塑造成与今天的你完全不同的人。
- 古怪的马戏团家庭。在成长的过程中，你穿梭于各个城镇之间，打扮成五颜六色的小丑，表演杂耍逗乐他人。
- 冷酷无情、受过高等教育、精力充沛、财运亨通的亿万富翁家庭。你很早就知道，你比那些"疲于工作的蠢货"更优越。他们拖欠抵押贷款，你的父母取消了他们房子的赎回权，让他们无家可归。
- 在无家可归带来的痛苦中艰辛挣扎的家庭。你没有那么多机会见到父母，因为他们需要做多份工作才能勉强维持稳定的生活。
- 热衷健康和运动的家庭。你从小只吃健康的食品，从来没有机会养成喜欢甜食的习惯。父母期望你参与运动，表现出色意味着得到父母的爱与崇拜，失败意味着遭受严厉的训斥或具有敌意的沉默。

这么多无法控制的因素塑造了今天的你。特定的成长经历教会了焦虑怪兽什么是威胁，什么是安全。如果你早期经历过创伤，与没有经历创伤的你相比，焦虑怪兽就会习得不同的行为。如果父母过度保护你，焦虑怪兽就学会了高度警惕，随时准备嚎叫。

过去、现在和将来的经历都会持续教导焦虑怪兽如何保护你免受伤害，你可以学会害怕任何东西。

你能想到的绝对没有威胁的事是什么？

人类大脑是创建联想的机器。当一些中性的东西与有威胁的东西联系在一起时，曾经被视为无害的东西就可能变成能引发焦虑的威胁。

例如，一只可爱的独角兽在带着露水的草地上开心跳跃的形象，对你来说可能是中性或平和的形象。但如果伴随着危险的经历，即使是可爱的独角兽也可能变成引发恐慌的诱因。比方说，如果一个精神错乱的疯子绑架了你，把你带到他家，一边折磨你，一边炫耀他收集的毛茸茸的独角兽玩偶，那么独角兽就会成为你恐惧的对象。想起独角兽这一形象会唤醒你的焦虑怪兽，它会警觉地嚎叫，触发你内心的恐慌。

你的焦虑怪兽可以学会害怕任何东西。

把任何东西和你最厌恶的东西放在一起，焦虑怪兽就会开始保护你。假设你六年级做汇报时，由于早餐吃的东西不合胃口，你不小心在所有同学面前呕吐了。同学笑了，你觉得很丢脸，你的焦虑怪兽就会明白以这种方式成为关注的焦点是一种威胁。从那一刻起,焦虑怪兽会努力保护你(不管这可能有多么不理智),通过嚎叫和激活逃避的冲动来避免未来类似情况的发生。

　　焦虑令人惊叹的学习能力是必不可少的!你需要一只懂得害怕的焦虑怪兽。即使在今天,这项技能对你的生存仍不可或缺。

　　假如你在森林里散步,碰巧遇到一个熊窝,被一只愤怒的熊妈妈赶走,那么无论你何时考虑再次徒步穿越那片森林,焦虑怪兽都会嚎叫,因为这关系到你的生死存亡。当你因为焦虑怪兽的警告远离熊窝时,你活下来的概率更高。

　　焦虑怪兽足智多谋,它可以通过观察别人如何应对威胁来学会保护你免受危险。比如你走在街上,目睹有人在小巷里被暴力抢劫。即使这件事没有发生在你身上,在未来的某个时候你抄近路穿过那条巷子时,焦虑怪兽仍可能会用嚎叫警示你。

想一想，哪些事情会激发焦虑怪兽保护你？有哪些直接经历或间接经历教会了你的焦虑怪兽感到害怕？

_____
_____
_____
_____
_____
_____
_____

其他生理因素

生活方式和健康状况对焦虑怪兽也有影响：

- 某些疾病或身体状况会加剧焦虑（比如偏头痛、低血糖、甲状腺或甲状旁腺问题、糖尿病等）。
- 许多药物的副作用会导致焦虑水平显著提高（比如常用的处方类固醇）。
- 咆哮的焦虑怪兽通常让人更难入睡，但睡眠不足也会让焦虑怪兽咆哮。
- 许多人通过喝几杯酒来缓解焦虑，却没有意识到酒精带来的"宿醉"会引发焦虑。
- 摄入兴奋剂（比如咖啡因和尼古丁）就像把冰水泼在沉睡的焦虑怪兽身上，会唤醒它。一些人用大麻来缓解焦虑，对其他人来说吸食大麻会加剧焦虑。
- 饮食对焦虑也有影响。例如,碳水化合物含量高的饮食(比如糖或米饭)会导致血糖水平在骤降之前暂时飙升,这可能导致诱发焦虑的低血糖。
- 久坐不动的生活方式也会增加焦虑——人类变得越来越习惯久坐不动。

哪些生理因素可能影响你的焦虑怪兽?

_____
_____
_____
_____
_____
_____
_____
_____

焦虑怪兽的习惯和特征

焦虑怪兽在判断我们是否安全时常犯错,它知道,最好的方法是"防患于未然",这是确保我们长期安全的最佳选择。因此,焦虑怪兽总是在寻找新的威胁,更容易犯"假阳性"错误(在没有危险的情况下感觉危险),而不是"假阴性"错误(在有实际危险的情况下感觉安全)。

这种谨小慎微的心态类似医学界重视的一致防护措施。所有患者都被当作可能患有某种传染病接受治疗，这样医护人员就可以保持安全，在极少数真正有风险的情况发生时不容易感染疾病。如今，医护人员在医疗过程中戴乳胶手套和口罩已是常规做法——为了安全。

这种对危险的过度关注，导致焦虑怪兽以片面的方式接受新的信息。

> 焦虑怪兽"防患于未然"的心态，并不等于你做错了什么，这不过是你内心那个"有小故障的保镖"的工作方式：
>
> 如果你听到身后有脚步声，你可能会想："这是一个抢劫犯！快跑！"但实际上只是一些人在做自己的事情。
>
> 如果你的孩子晚上超过必须回家的时间一小时还没回家，你可能会想："肯定是出车祸了！快报警！"但实际上他/她只是和朋友出去玩了，忘记按时回家。

焦虑怪兽的确认偏误

确认偏误是指当人们相信某件事时，往往会接受与这件事相符的信息，忽视与之相悖的信息。

比方说，如果你爱戴一位领导人，那么对他有利的新闻会很快进入你的记忆，而不利的新闻很容易被你当作假新闻。如果你讨厌这位领导人，那么情况就完全相反了。我们都有确认偏误，焦虑怪兽也不例外。

如果焦虑怪兽担心你在演讲过程中会让别人感到厌烦，你就更有可能注意到观众席上打哈欠的那些人，而不是面带微笑的那些人。当你回顾自己的演讲时，你更有可能得出这样的结论：那个人打哈欠是因为她感到无聊（而不是"她累了，这与我无关"）。

如果焦虑怪兽相信乘坐飞机极其危险，它就会指出所有与飞机失事有关的头条新闻，忽略世界各地每天都有大量安全飞行的现实。

有时候你的焦虑怪兽无法抉择！

焦虑怪兽在努力保护我们的安全时，也会害怕多重因素相互冲突的事情。比如，你决定离开家去外面广阔的世界闯荡，焦虑怪兽可能会警告："危险！"但当你听从它的警告选择待在家里（"安全"的地方）时，焦虑怪兽可能会以同样的关切警告你不外出闯荡的风险。

我们谈论的是一个时而出现故障的焦虑怪兽！

它可能会因你自愿做工作汇报而发出警告；但当你放弃做报告，它可能会因为你将要错过事业发展的机会而怒吼。

为了保护你免受孤独，它可能会警告你："如果你不出去见人，你将孤独一人。"但一想到要在社交场合向陌生人介绍自己，你又会充满恐惧。

或者，它可能鼓励你花几个小时在网上查询疾病的相关症状，保护

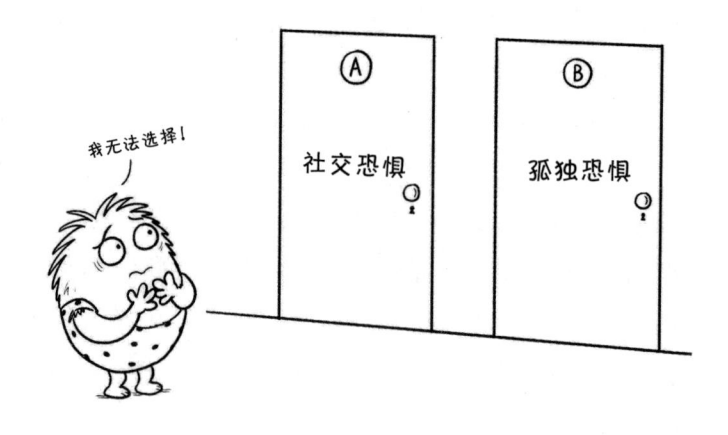

你免受致命疾病的伤害。与此同时，它又警告你不要去看医生，因为它担心你无法应对被确诊疾病。

在我们的心中，这个过分热情、极度活跃的保镖，经常发出很多复杂的信号！

当焦虑怪兽嚎叫时，它的表现堪称典型。当可怕的想法、恐惧的感觉和肾上腺素在神经系统中轰鸣时，大多数人都会意识到焦虑的存在。

当焦虑怪兽不是在你的内心咆哮，而是更冷静地说服你警惕那些它认为（或误以为）的威胁时，它会更有说服力。

通常，焦虑怪兽不会发出一声愤怒的咆哮，而是对你"甜言蜜语"。

埃里克：嘿，刚才有人邀请我们去另一个州参加家庭聚会！

焦虑怪兽：太远了！你打算怎么去那里？

埃里克：离这里很远，我坐飞机去。

焦虑怪兽：你当然可以坐飞机去，但很危险，飞机可能会坠毁的！你为什么要冒这个险呢？开车不是更有趣吗？

埃里克：呃……可是开车要花很长时间，我们还有一个九个月大的孩子。

焦虑怪兽：是的，开车耗时更久，但这也是带你儿子去乡村体验的好机会。

埃里克：你说得有点道理。

焦虑怪兽：……而且这样就没有坠机的可能性了，我认为这是个好机会啊。

埃里克：你说得对，那我们就这样去吧！

> 当我内心的焦虑怪兽认为搭乘飞机是死亡陷阱时，它会在每次飞行之前用甜言蜜语劝我尽可能少坐飞机。在飞行期间，它会切换到愤怒模式，开始大声叫嚷飞机必然会垂直下降和爆炸！

焦虑怪兽甜言蜜语的例子

潜在的威胁	焦虑怪兽的甜言蜜语	（假如你上当的）结果
参加一个你不熟悉的派对（害怕被拒绝）	谁在乎那个派对？听起来就很无聊。你想看的那个节目今晚播出。	你没有遇到你最好的朋友和你未来的伴侣
细菌（害怕感染细菌）	如果每个人都知道细菌是多么危险恶心，他们就会用这种方式洗手。	严重的强迫症和干裂的手
恐慌发作（害怕心脏衰竭）	我们还是待在既舒适又安全的地方吧。	错失机会，加剧焦虑
创伤性记忆（害怕难以承受）	永远不去想它才更安全。我们喝一杯，看 Netflix 吧。	创伤后应激障碍不断恶化，被痛苦的记忆持续困扰
演讲（害怕丢人）	演讲不是你擅长的，等你擅长的时候再去做吧。	职业发展受限
约会（害怕被拒绝）	推迟约会直到觉得约会是舒适的。	错失恋爱机会
回到学校深造（害怕失败）	太费时费力了！为什么不买超级好玩的最新电子游戏来试试呢？	困在一成不变的工作中

你的焦虑怪兽会将你的内心感受和他人的外在表现进行比较

我们看不到别人没有说出口的东西,人们活在自己的花园里,各式各样的生活挑战在每个人的脑中跳动。

> "嗨,理查德!最近怎么样?"在大厅与理查德擦肩而过时,卡罗尔带着勉强的微笑问道。她的头隐隐作痛,胃也觉得恶心。昨晚她和男朋友吵了一架,还喝多了。
>
> "嗨,卡罗尔。你最近好吗?"理查德勉强微笑着回应。他的心怦怦直跳,他感到一阵恐惧。他刚被叫去见老板,他觉得自己肯定有麻烦了!
>
> "都挺好的!"卡罗尔笑着说道。她继续往前走,想着理查德是如何把生活过得井然有序,她自己却是一团糟!

问题在于，人们很容易陷入这样的陷阱：将自己的内心感受与他人的外在表现进行比较。这导致了"自己和别人不一样"和"自己不够好"的感觉。当这种感觉加剧时，人们可能会感到羞耻："我到底怎么了？"

当你将自己正常的焦虑与他人平静的外在表现进行比较时，你可能会注意到苛刻且具有批判性的判断出现了。焦虑怪兽将你的焦虑视为威胁，让你觉得自己在群体中变得不那么有价值，这就导致了因感觉焦虑引发的额外焦虑。

在这个不确定和不可预测的世界，焦虑怪兽渴望确定性和可预测性

我们史前祖先是在狩猎和采集中度过的，他们每天起床，寻找食物，回到安全的地方，睡觉，起床，如此重复。

在一个食物和安全都是稀缺资源的世界里，可预测性代表着安全。

在那个年代，不确定性代表着危险或饥饿。人类早期祖先喜欢稳定的日常生活：不会缺乏食物，也不会成为捕食者的午餐。当生活变得更加确定和可预测时，现代人也会感到更安全。

但事实是，不确定性仍然占据正常生活的很大一部分，焦虑怪兽仍然讨厌不确定性。

当事情不确定或没有按照计划进行时，你的焦虑怪兽会做什么？

- 如果有人在深夜按你家的门铃时，会发生什么？
- 当你的航班意外取消时，你的焦虑怪兽有什么反应？
- 如果你给你非常在乎的人发信息却没有收到回复，该怎么办？
- 如果医生给你留言，让你给她回电话再告知你的血常规检查结果，该怎么办？

焦虑怪兽可能会发发牢骚，也可能引发严重的恐慌发作——这往往是善良的焦虑怪兽发狂的时候！

焦虑怪兽对现代科技感到困惑

焦虑从科技出现之前（大多数事物出现之前）就开始进化了，人类的史前祖先无法辨认今天的世界。比方说，想象你发明了时间机器，能够回到一万年前把远亲带回来，如果你：

- 带他们去坐过山车。他们会以为自己正在走向死亡！
- 用大屏幕电视播放恐怖电影。一看到怪物，他们就会立即攻击屏幕或逃离房间！
- 带他们坐飞机。他们会认为自己被困在封闭的空间里，周围都是具有威胁性的陌生人，并且觉得自己即将掉下去摔死！

他们最有可能的反应是战斗、逃跑或僵住。

下次看动作片或恐怖片时，观察焦虑怪兽如何错误地将情境视为威

胁，提高肾上腺素来保护你，让你时刻准备好战斗或逃跑。可想而知，焦虑怪兽在现代社会是多么容易被愚弄。

焦虑怪兽会受"往日幽灵"的影响

有时焦虑怪兽会受"往日幽灵"的影响。它会记住过去对你构成实际威胁的事情，即使它不再是实际威胁，焦虑怪兽也会在未来一直保护你免受这种威胁：

- 如果你小时候受过虐待，焦虑怪兽可能会警告你不要相信今天遇到的人。
- 如果过去恋人背叛了你，焦虑怪兽可能会不断地警告你，未来的伴侣也会背叛你。
- 如果你遭遇过车祸，当你开车靠近车祸现场时，焦虑怪兽可能会激活你的战斗、逃跑或僵住的冲动。

焦虑怪兽不会忘记过去的威胁。

在你的焦虑怪兽警示的威胁中,哪些事情在过去对你是一种威胁?

_____
_____
_____
_____
_____
_____
_____
_____

有焦虑怪兽是正常的,那我们现在该怎么办?

明白"感到焦虑不是自己的错",这一点至关重要。我们都是极度焦虑的物种(其实是地球上最焦虑的物种)的一员。无论你的恐惧只是虚惊一场,还是真的处于危险之中,你并不是唯一感到焦虑的人。不要把焦虑怪兽当作让你痛苦的内心恶魔。尽管它有时可能很坏,你可以以更慈悲的心态看待焦虑,并理解即使犯了很多错误,它也只是为了帮忙,它的出发点是善意的。

通过接受我们这个物种的真实面目(焦虑的幸存者!),你避免了严厉的自我批评和努力摆脱不适情绪所带来的羞耻感和情绪上的痛苦。

在接下来的章节中,我们将谈论如何改善人与焦虑的关系,接受它时而咆哮的性格,尽可能地安抚它,并教会焦虑怪兽成为你更好的伙伴。

第三章
学会喜欢焦虑怪兽
以慈悲心应对焦虑

让这么多年来一直厌恶焦虑的你"喜欢"内心的焦虑怪兽,听起来可能会有点奇怪。这并不意味着喜欢焦虑带来的感觉,而是认同焦虑的意图——它的存在是为了保护你和你在乎的东西。

这有点像我对健康食品的喜爱。吃健康食品有益身体健康,让我

更长寿，让我有更多的时间和我爱的人在一起——我喜欢这样！如果吃油炸食品也能达到同样的效果，我会更喜欢油炸食品，可惜事实并非如此。

你的焦虑怪兽并不想伤害你，它只是过于热心地想要保护你。你或许更能接受这种想法：它不想成为你的敌人，它只是想帮助你。

你或许还能接受这一事实：当威胁真实存在时，焦虑给予你的能量水平、专注力、力量和保护力能帮助你应对挑战，帮助你更好地生存和发展。这难道不是你喜欢的吗？

从羞愧到慈悲

正如第二章所说，人类是一种焦虑不安的生物。如果我们是一种自我意识比较弱的动物，我们就不会如此忧心忡忡，但也不会发展出艺术、文化、比萨等美好的东西。

慈悲聚焦疗法背后的理念，是明白焦虑不是自己的错。"喜欢焦虑怪兽"的目标是把我们的心态从羞愧和耻辱转变为安抚和慈悲。

一位宗教人士对慈悲的定义是："敏锐察觉自己或他人的痛苦，并努力减轻痛苦。"[10] 它包括认识到生活本身伴随着挑战，我们与挑战同舟共济。与其逃避自己的焦虑，把羞愧和耻辱堆积在心里，我们可以学会用善意拥抱不适，鼓起勇气关怀自己，同时继续专注于对自己重要的事情。

羞愧和耻辱让焦虑怪兽心烦意乱。焦虑怪兽将它们视为威胁，它不仅会因为感知到的危险而嚎叫，还会因羞愧和耻辱引发的负面判断叫得更大声。

如果你认为焦虑是不对的，你会更加焦虑。如果你讨厌焦虑，焦虑会加剧。如果你费尽心思想让焦虑消失，你会在焦虑的不适中感受到额外的痛苦。

这并不是说大脑中有一个时有故障的警报系统是一件让人开心的事。其实在某些情况下，长期存在的"战斗、逃跑、僵住"反应，与较差的精神状况和身体状况有关。[11] 焦虑怪兽的存在是为了让你在舒适安全的规律社会联系中，保护你免受常见的严重危险的伤害。换句话说，就是在焦虑怪兽大声叫嚷和焦虑怪兽得到安抚之间取得平衡。

与其带着对焦虑的敌意生活，自我慈悲是一种更好地与焦虑共处的方式。对自己的内心体验更慈悲能减少心理困扰和情绪波动。善待你自己，会让你的生活更幸福。[12]

焦虑是人类生存最重要的部分之一，但许多人却陷入与焦虑的无效斗争中。他们只想让焦虑怪兽彻底、永久地消失。

如果没有焦虑怪兽，你会变成什么样？

我们非常清楚没有焦虑怪兽的人是什么样的，因为有文献记载表明，当杏仁核（大脑中焦虑怪兽居住的一对杏仁状组织）受损时，人们会失去焦虑的能力。

案例：一位女士的焦虑怪兽"死了"，留下她自己照顾自己[13]

SM（为保护她的隐私，此处采用化名）又被称为"无所畏惧的女人"。

从情感方面来看，她有一个正常的童年。她的焦虑怪兽活得好好的，尽力保护着她。她能回忆起被大狗威胁时的恐惧，或者她藏起来的哥哥跳出来吓唬她时带给她的恐惧。

后来，由于一种罕见的遗传病——皮肤黏膜类脂质蛋白沉积症，她的杏仁核严重受损。

焦虑怪兽"死了"。这让她毫无防备，她失去了对外界事物感到恐惧的能力。

脑研究人员对这个无所畏惧的女人非常感兴趣。他们试着吓唬她，看看会发生什么。

研究人员带她去恐怖的鬼屋，当僵尸跳出来时，她不但没有尖叫，还开心地走过去和他们友好地交谈（据说甚至吓到了一名穿着戏服的演员）。

研究人员还注意到，她喜欢抓各种有毒的动物。有时为了她的安全，他们不得不把她拉回来。

她对人际空间的感知很差，和他人说话时靠得很近也不会让她感到不舒服。她还会在深夜非常好奇地接近坏人，哪怕那些人拿刀持枪对着她。

面对刀枪时，大多数人的焦虑怪兽都会在脑中咆哮，但SM不会。她不仅没有被吓到，还一次又一次地把自己置于危险的境地。

如果没有焦虑怪兽守护你，残疾或死亡似乎都很有可能发生。你需要焦虑怪兽，诀窍是与它融洽相处并教会它明辨是非。

既然摆脱焦虑怪兽的斗争不仅注定失败，还会加剧焦虑和痛苦，你只有一个选择：学会适应与你的焦虑怪兽一起生活。

焦虑怪兽有什么可让人喜欢的？

如果你能了解焦虑怪兽带来的好处，你会更适应与焦虑怪兽一起生活，也更容易喜欢它。

焦虑可以保护你，帮助你保护你所爱的人远离危险

当你遇到真正的危险时，焦虑怪兽的咆哮给了你绝佳的生存机会，让你立刻从一个无精打采的沙发土豆变成一个精力充沛、全神贯注的幸存者。

这种保护机制是一些职业人员日常生活的一部分，比如消防队员、警察或士兵。对其他人来说，危险的情况可能不那么频繁。或许是当你在高速公路上开车遇到爆胎时，焦虑怪兽保护了你，让你立刻从思考"今天中午吃什么"切换到"如何避免车祸"。或许是当你蹒跚学步的孩子从你身边突然跑到车水马龙的街道上时，你需要猛地打起精神去拦住他。

描述焦虑怪兽准确警告你"有危险"，甚至可能挽救了你的生命的情况。

焦虑怪兽关心你所在乎的事情

焦虑不仅仅关心你的安全，对其他对你来说重要的事情，它也会保持警惕。无论是恋爱、友谊、家庭、工作，还是你最喜欢的球队是否打败了对手，当焦虑怪兽感觉对你很重要的东西可能有危险时，它就会嚎叫。

> **玛丽·简的焦虑怪兽挽救了她的亲密关系**
>
> 玛丽·简为了一点小事和未婚夫大吵了一架。她脱口而出，说了一些关于未婚夫母亲的狠话（尽管相当准确），怒气冲冲地离开了家。在开车离开时，她的焦虑怪兽开始嚎叫。
>
> 焦虑怪兽大叫着说她是多么愚蠢，抱怨她可能已经失去了生命中最美好的东西，注定要永远孤独、痛苦。焦虑怪兽向她展示了她与爱人所有美好的回忆。这些思绪和回忆敲打着她的内心，刺激着她的肾上腺，让她准备好迎接一场特别的战斗。
>
> 最后，她放下自尊，掉转车头，回到未婚夫身边道歉。她珍视的感情幸免于难！

生活中,焦虑怪兽挽救了哪些对你来说重要的东西?

_____
_____
_____
_____
_____
_____
_____
_____

焦虑怪兽可以为生活增添一些乐趣

想想现代生活中那些令人兴奋的经历。它们都是为了愚弄焦虑怪兽,让它们准备好"战斗、逃跑、僵住"反应。以玩乐的心态看待焦虑怪兽的各种情境故障可能会很刺激!有时还能为枯燥乏味的生活增添一些乐趣。

令人兴奋的情境	情境故障	焦虑怪兽的嚎叫	结果
坐过山车	焦虑怪兽不太了解现代科技	我们正在坠入死亡!救命啊!	你活下来了,还可以吹牛
恐怖电影	焦虑怪兽会把你在电影中看到的东西误以为是你在现实生活中看到的	怪物!!!	现实生活中没有怪物,日常工作可能感觉还要惊险一点

(续表)

令人兴奋的情境	情境故障	焦虑怪兽的嚎叫	结果
阅读凶杀疑案	焦虑怪兽把想象当成现实	小心身后！	在逃避现实的幻想中，你暂时忘记了报税单
第一次约会	焦虑怪兽通常对陌生人很警惕，在他/她出现时会变得很脆弱	如果你犯了错，他/她告诉了所有人，该怎么办？你再也不能在这里露面了！	你和你的意中人吃了一顿美味的晚餐
期待你的初吻	焦虑怪兽可能会认为，如果你被拒绝，你有被驱逐的风险	如果你口气很臭，接吻很笨拙，怎么办？太丢人了！	生活变得更甜蜜了

焦虑什么时候为你的生活增添了乐趣？

_____
_____
_____
_____
_____
_____
_____
_____

焦虑怪兽的嚎叫可以帮助你发挥最佳状态

还记得在学校里,一些老师会让你对即将到来的考试感到紧张吗?

事实证明,他们不是虐待狂(除了我九年级的数学老师)。无论是数学考试、网球比赛还是演讲,如果你没有带着焦虑去完成一项任务,你不太可能发挥出最佳状态。

但是,如果你极度焦虑(比如恐慌发作),焦虑会分散你的注意力,让你无法发挥最佳状态。

这种压力和表现之间的关系被称为"叶克斯-多德森定律"(Yerkes-Dodson Law)。适度的焦虑会带来能量和专注力,让你更好地完成一项任务。焦虑过多或过少都会影响你的表现。

焦虑能够激励人

在这个智能手机、互联网、长片剧集都能让人分心的时代,完成工作变得非常困难。这些诱人的即时满足唾手可得,拖延症日益成为一个需要关注的问题。

那么,我们如何激励自己抛开杂念,处理好需要我们做的日常事务呢?一旦焦虑怪兽意识到快要来不及完成一项重要任务时,它就会冲过来帮助你,咆哮着警示没有完成工作的后果,让你充满瞬间离开沙发去完成工作所需的能量和恐惧。

焦虑怪兽的咆哮能凌驾于即时享乐之上,点燃内心强大的"激励之火"助你前进。

查德的焦虑怪兽激励他准备考试

十八岁的查德第二天早上就要参加考试,但他还没有准备好！他的朋友邀请他出去度过一个不用复习考试的美好夜晚。

"哇！是派对！"但焦虑怪兽跳出来告诫他：如果考试不及格，坏事就会发生。这让他很害怕和朋友出去玩会带来的不好后果，害怕他的派对夜将充满焦虑怪兽无休止的内心嚎叫，害怕他的拖延症会对自己未来的幸福造成"灾难性"影响！

查德最终选择待在家里学习，并通过了考试。

写下这样一次经历：焦虑怪兽敦促你摆脱拖延症，更加努力地完成了对你来说很重要的任务、工作、项目或目标。

_____

_____

_____

_____

焦虑可以促进你与他人的联系

除了在受到威胁后激发你表现出"战斗、逃跑、僵住"反应,焦虑怪兽还能激发你帮助有需要的人或产生与他人联系的冲动,这就是"照料和结盟"反应。[14]

当生活中发生令人焦虑的事情(比如失业、罹患大病、关系破裂)时,你可能会发现自己有打电话、发短信或发推特给他人的冲动。这是焦虑怪兽在激励你联系他人、寻求支持的表现。它也会采用另一种方式,让你伸出援手,去关注需要帮助的人(比如关心失业的同事或者在一场严重的风暴后帮助邻居修理屋顶)。

人类是群居动物,感受到威胁时,接近群体是一种让人感到更安全的方式。

感到焦虑时,你是否联系过他人,或者感觉需要联系他人?

焦虑可能是成长的标志

冒险进入未知的新领域可能会让人惶恐不安,它会唤醒内心的焦虑怪兽。但生活中美好的事情,大多包括让自己投身未知的领域。

这从你很小的时候就开始了:离开安全舒适的家去朋友家玩耍是一种冒险。

在学前班,和新老师、新同学相处也是一种新奇的体验。开学第一天,是看起来有点"可怕"的迈向越来越独立的生活的一小步。到了初中和高中,令人耳目一新又望而生畏的事物纷至沓来。

随着年龄的增长,你会感受到爱情的吸引力,但焦虑怪兽会大叫"危险"。人们害怕提出(或被邀请参加)第一次约会。如果对方(或你)说"可以",焦虑怪兽就会发出矛盾的尖叫,纠结着要不要取消约会,寻思着你的外表、动作和气味都需要完美,让你免遭灾难性的羞辱。

不过,一旦处于一段健康的关系,最初约会的焦虑就是值得的。焦虑怪兽已经知道这个人令你感到安全且美好。

当你长大离开家,踏上不确定的新旅程时,焦虑怪兽也会嚎叫。这可能是上大学、找工作,在这个世界上闯出自己的路;也可能是参军,在那里与恐惧共存只是训练的一部分。焦虑怪兽的嚎叫意味着你正在拥抱独立的生活,向着未知和不确定的未来前进。

焦虑怪兽也会因对我们有意义的事情咆哮。它以一种有故障的方式,向着对我们十分重要的生活方向咆哮。如果没有焦虑,我们很难创造有意义的生活。

如果把焦虑怪兽的嚎叫作为一种提示,大胆地踏上一段未知的焦虑之旅,我们或许能够冒险走向更有意义的人生。如果选择避开那些被焦虑怪兽误认为威胁的不确定机会,生活就可能像平克·弗洛伊德乐队所说的那样"舒服地麻木"下去。

生活往往会给我们一个选择：是在焦虑中成长，还是在安逸中停滞不前？

回想一下，你完成了哪些积极的事情，哪怕它们会引发焦虑？

_____

_____

_____

_____

_____

_____

_____

你的焦虑怪兽可能会敲响必要的警钟

你的焦虑怪兽可能会出现故障或发出错误警报，但有时它也会提醒你在生活中需要做出改变的重要事情。正如血压和体温是身体健康状况的指示，焦虑怪兽也可能提醒你关于生活状态和健康状况的重要信息。

它可能提示你踏上了一段重要的人生旅程，正朝着一个大胆而美好的新方向前进——此时焦虑怪兽释放的信息是继续前进。

它也可能提醒你需要保持克制和寻找平衡，这对那些因设定了过于完美的目标而让焦虑怪兽长期咆哮的人来说确实有用。

> 亚历山大是一名聪明的工科学生，他的焦虑已经持续了好几年。在开始攻读学位时，他严格制定了自己的学业目标：所有科目必须获得A。但在这个极具挑战性的学科中，大多数学生都只能勉强拿到C。
>
> 虽然从理论上来讲有可能全科得A，但这是不切实际的，而且这个目标从第一天起就让亚历山大的焦虑怪兽震耳欲聋地嚎叫。亚历山大认为表现不完美是一种威胁，因此他的焦虑怪兽没日没夜地咆哮，让他经历了许多个不眠之夜。焦虑怪兽警告亚历山大不要浪费时间，他因此没有留出时间来发展学习之外的人际交往和兴趣爱好。
>
> 最终，当焦虑水平上升到强烈且持续不断的恐慌发作后，他意识到这是一个警钟，提醒他降低标准，尽力而为就好。亚历山大开始在学业生活与正常的娱乐和人际交往中寻找平衡。

焦虑怪兽可能会告诉你，你需要更好地照顾自己，保持健康饮食、定期锻炼、充足睡眠，或者你需要找新工作或新朋友。它也可能告诉你，你需要寻求帮助来解决毒瘾问题或其他心理健康问题。有时它的嚎叫可能是一个信号，让你去看医生，排除可能会刺激你的神经系统的疾病。

虽然焦虑会让人不舒服，但它能够引导我们迈向更好的生活。

想想在你的焦虑怪兽的最近几次嚎叫中，隐藏了哪些成长机会？（这可能是生活方式的改变，需要解决的工作问题或人际关系问题，你可能从治疗、精神意识或其他机会或变化中受益的迹象。）

心态很重要

尽管焦虑有积极的一面,你仍然可以选择将焦虑视为对手。但培养一种更积极、更善良、更慈悲的心态已经被证明大有裨益。[15] 这些益处包括:

- 能够减少痛苦。慈悲有助于减轻痛苦,与内心体验对抗会增加痛苦。
- 能够预防或减轻抑郁。根除焦虑是一场必败之战。陷入与焦虑对抗的必败之战是导致抑郁的原因。放弃对抗,培养更温和、更慈悲的心态来看待自己的内心世界,能够减轻抑郁。
- 能够增加幸福感。对抗内心体验(经验性回避)会对你的幸福感产生负面影响。以慈悲的开放心态看待内心体验则会增加幸福感。
- 能够减轻焦虑对健康的负面影响。有研究表明,在经历引发焦虑的情况时保持积极的心态,能减轻压力对身体的负面影响。

与焦虑怪兽建立一种更具慈悲心的关系

你是否关注过你的大脑中进行的内心对话？对我们许多人来说，我们对自己的态度可能相当苛刻。试想一个你非常在乎的人，当他们犯错或感到焦虑时，你会用跟自己说话的语气和他们沟通吗？

> 我是一个多么软弱无能的人啊！

保罗·吉尔伯特博士提出了慈悲心训练[16]，也就是说，像在健身房锻炼肌肉那样训练自我关怀的能力。我们可以通过改变内心的声音（即在脑海中与自己对话的方式）来锻炼慈悲的能力。

慈悲心是不加评判、善良且明智的，是理解生活中许多复杂的因素会影响你在特定情况下的感受。大多数因素（性情、教养、生活经历）都不是你能控制的。慈悲心认识到消极的感觉不是你的错，应该像对待爱人那样对待你自己。即使自己不完美——特别是自己不完美时，也要将内心的声音从严厉的自我批评转变为坚定的支持。

找到慈悲的内心声音

理想中慈悲的内心声音会是什么样的？它取决于每个人心中代表慈悲的理想形象。

它可能像你慈祥的祖父母或其他家庭成员，可能像你最喜欢的老师、导师或教练，或者像耶稣、安拉、上帝等极富慈悲心的精神领袖。或者，它也可以是你读过的书里的某个人，看过的电影里的某个人，甚至是你在自己的脑海里创造的一个代表慈悲的抽象形象。

> 珍妮有一位即使她犯错或失败也无条件爱她的母亲。无论珍妮多么自责自己的不完美,她的母亲总是温暖、关心、不加评判。虽然母亲总是对她有适当的限制,但母亲的行为始终充满了善良和爱。珍妮心中理想的慈悲形象就是她的母亲。

糟糕的教练——心中的暴君

大多数人会联想到他们生活中那个"糟糕的教练",无论这个人是真正的教练,还是他们生活中的其他重要人物,比如老师、老板或家庭成员。

> 当我八岁的时候,父母帮我报名了篮球课。我对它并没有特别的兴趣,但我想试一试。第一天晚上,教练冷淡地迎接了我们,还对我们冷嘲热讽。在没有任何鼓动的情况下,他就命令我们从球场的一头跑到另一头。我记得教练对我们大吼大叫,说我们太虚弱了。他说他会让我们成为冠军,让我们不停地奔跑,同时大声辱骂和威胁我们:"我要让你们一直跑到吐!"
>
> 在电影里,脾气暴躁的老教练的内心深处确实有着一颗金子般的心,帮助平民阶层的孩子成为冠军。然而在现实中,他只是一名糟糕的教练,他不但没有培养出冠军,而且挫伤了一群年轻男孩的士气。

不管生活中遇到过哪些糟糕的教练,有时候你可能就是自己最糟糕的教练。"又来了!我真是个又笨又蠢的失败者!"

针对自己的这种严厉语气是一种自我施加的敌意，它加剧了焦虑引发的不适感。成为自己内心最严厉的批判者的后果，就是在人类固有的正常焦虑之上，额外增加了大量的羞愧和沮丧。

有些人认为，如果不对自己采取严厉的态度，他们就会变得懒惰、放纵、缺乏成就。

问问你自己，在过去那些糟糕教练的专制管教下，你真的表现得更好了吗？或者，由内心严厉的批评引发的意志消沉是否让你放慢脚步，拖你的后腿，甚至影响了你面对挑战时坚持下去的意志？

你的"糟糕的教练"故事是什么？他们是否激励了你追求卓越？

_____

_____

_____

_____

_____

_____

_____

慈悲的教练——明智的内心向导

虽然陷入"成为自己最严厉的批判者"的模式很容易,你仍可以学着用一种更慈悲的语气和自己沟通,学会引导明智的内心教练,帮助你应对生活的挑战。

优秀、慈悲的教练、老师、朋友、家人、导师或治疗师,会激励我们成为最好的自己。他们不会批评或给予批判性反馈,而是会慷慨地鼓励我们,表现出善意,让我们从他们的智慧中受益匪浅。

你的"慈悲的教练"故事是什么?"好教练"和"坏教练"对你的激励和努力有哪些不同的影响?

你可以通过训练自己成为"明智、慈悲的教练",来培养你自己在应对焦虑时拥有更慈悲的心态。

练习 1:做几次缓慢的深呼吸。吸气数到五,接着呼气数到五。

试想你一直在挣扎着摆脱的焦虑情境。现在闭上眼睛,回忆慈悲的形象,想象你正在扮演这个慈悲的人物角色。接近这个人智慧、善解人意和不加评判的特质。

拥有了这些品质,想象自己能够在焦虑的情况下成为慈悲的教练。现在以这种慈悲的心态和焦虑的自己谈谈。你会告诉自己什么?这种语气上的转变,让你感觉如何?

最近，珍妮一直在和她的社交焦虑做斗争。今天尤其痛苦，她被安排主持重要的工作会议，焦虑怪兽正拼命地说服她逃避这种"威胁"。

　　她想象自己是内心那个最善良、最慈悲、能够给予善意关怀的自己。她的语气变得亲切起来。在她的脑海中，她走到自己面前，给了自己一个拥抱，热情地微笑。

　　"珍妮，我知道你很害怕。我在这里陪着你，不完美也没关系。"

练习2：再做几次缓慢的深呼吸。

　　现在，把焦虑怪兽想象成你内心那个容易害怕、困惑的保镖（你内心四岁大的小野兽）。理解它是真的很想帮忙，却很难区分安全与危险。在过去，你曾与它斗争，憎恨它，试着将它从生活中抹去。然而，它仍然是一个时刻警惕、被人误解的保护者。

　　试想，当你确实相当安全，焦虑怪兽却大叫"危险"时，与其谴责，不如以慈悲的心态看待事情，用更睿智、更慈悲的语气与焦虑怪兽好好谈谈。

这对你来说是什么感觉？

_____
_____
_____
_____
_____
_____
_____

> 珍妮闭上眼睛，想象着成为最慈悲的自己，她受惊的焦虑怪兽上蹿下跳，拼命说服她打电话请病假，这样她就可以逃避演讲。
>
> 在脑海中，她跪了下来，带着同情和理解看着她的焦虑怪兽："小家伙，我能看得出来你很担心，你很努力在保护我。你尽最大努力提供了帮助，对此我非常感激。牵着我的手和我一起去演讲吧，看看我们能从演讲中学到什么。"

练习慈悲的心态就像锻炼肌肉。当听到焦虑在咆哮或感到痛苦时，看看自己是否能进入这种"慈悲教练"的心态。下次你的焦虑怪兽嚎叫时，提醒你自己这是训练慈悲的一个好机会。

第四章

焦虑怪兽的行为问题
当焦虑变成恐惧

　　焦虑怪兽很容易对感知到的（或者更可能是错误感知到的）威胁感到担忧，但大多数时候，人们并不太关注内心焦虑怪兽的小声抱怨。或者说，人们意识到焦虑一闪而过，但很少在意它。

　　心理学家认为这是潜在的焦虑或日常生活的焦虑，这些焦虑不会干扰你的生活，以下是几个例子：

- 焦虑怪兽对即将到来的重要工作汇报感到有些不安。它会激励你做好准备，但不会不分昼夜地警示有危险。
- 焦虑怪兽不喜欢你离开公共厕所抓门把手后留在手上的黏糊糊的残留物。它可能希望你去洗手，但如果你不这样做，它会忘记这件事去关注其他事情。
- 一群大声喧哗的青少年朝你的方向走来，这会让焦虑怪兽处于警戒状态。它希望你保持警惕，它会在你享受下午时光的同时悄悄地在幕后监视情况。

　　这种间歇性的不安只是人脑中正常的背景噪声，它表示焦虑怪兽正在做有时令人反感但十分必要的工作——它正在保护你。

如果焦虑怪兽的嚎叫阻止你去过想要的生活，你可能患上了焦虑症。这意味着焦虑怪兽的嚎叫带来了过多痛苦，或者干扰你达成期望的生活目标，比如拓宽社交生活或追求职业发展。

换句话说，情况已经从担忧变成了恐惧，你的焦虑怪兽出现了行为问题。

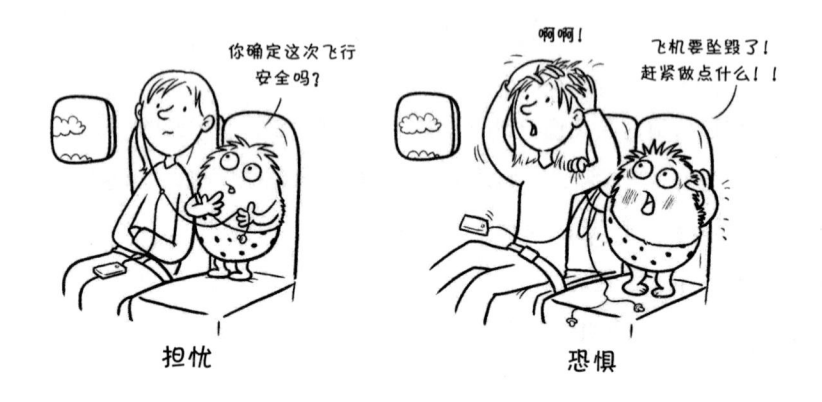

事实上，焦虑怪兽出现行为问题并不意味着它背叛了你，它的目的仍是保护你免受威胁。但令人担忧的是，焦虑怪兽很容易被迷惑，在许多情况下都可能在不经意间开始失控。

我们如何应对焦虑怪兽的嚎叫，对于它是否会发展成典型的行为问题（比如焦虑症或强迫症）有很大的影响。

躲在衣柜里的怪物

试想你是一个可爱的四岁孩子的父母。在洗漱和睡前故事结束后，你的宝贝进入了宁静的梦乡。精疲力竭的你也很快睡着了。

凌晨三点，你突然被孩子拍醒，她很害怕地小声说："我觉得我的衣柜里可能有只怪物！"

"世界上没有怪物。"你喃喃回应，试图重新入睡，却再次被她摇醒。

"不！我觉得我的衣柜里真的有只怪物！"她坚持。你起身温柔地牵着孩子的手，陪她走回房间。

"我们一起去看看衣柜里面有没有怪物。"你温柔地鼓励她。

你的小宝贝紧紧地握着你的手，开始慢慢检查衣柜。一开始她非常紧张，随着时间一分一秒地流逝，孩子的自信开始增长，很快就放开了你的手，自己去探索衣柜的更多细节。

"宝贝,你看到了什么?"你耐心地问她。

"哦……"孩子打了个哈欠,"我猜这儿没有怪物。"在你回房间前,孩子已经钻进了她温暖的被窝。一切都挺好的,你真是个好家长!孩子对衣柜里有怪物的想法消失了。

但如果你用不同的方式应对躲在衣柜里的怪物,会发生什么呢?

凌晨三点,你被忧心忡忡的孩子拍醒了。

她嘟囔着说:"我觉得我的衣柜里可能有一只怪物!"

你很快回忆起小时候电影中关于怪物的故事。电影《驱魔人》(*The Exorcist*)中的恶魔、弗莱迪·克鲁格(Freddy Krueger)的利爪,德古拉(Dracula)的尖牙,还有小丑令人毛骨悚然的发光眼睛!

你抓住孩子大叫:"我们快离开这里!快逃命!"你带着孩子逃跑了,留下了你困惑的伴侣和贵宾犬。你们钻进车里,再也没有回到你曾称之为家的那个恐怖的地方!

从第二种情况中，四岁的孩子学到了什么？下次独自待在衣柜又深又黑的房间里时，她会怎么做？她本来轻微的焦虑可能会发展为真正的恐惧。

训练焦虑怪兽变得更加害怕

当焦虑怪兽警告你有危险时，如果你表现得好像"威胁"是真实的，会让焦虑怪兽变得更加恐惧。之后遇到类似的情况时，它会过分热心地保护你。无论威胁是想象中的还是真实存在的，你觉得它越真实，焦虑怪兽就会对此类情况越警惕。

例如，如果焦虑怪兽警告"针头有危险"，它会劝你不要打针或验血。如果你因担忧而逃避，你对针头的焦虑就会增加。即使没有回避它，当你去接种疫苗或验血时，你仍然会把这段经历当成紧急情况（绷紧全身肌肉，咬紧牙关，拼命赶走打针带来的恐惧），仍然会让焦虑怪兽认为针头是一种威胁。

记住，这不是焦虑怪兽的错，它只是在尽力保护你。如果危险真实存在，比如有人拿着刀向你扑来，焦虑怪兽的嚎叫会提供绝佳的生存机会。当你恐惧发作时，焦虑怪兽会把友善的医生注射的安全药物误认为向你扑来的斧头杀手，随时准备攻击。

违背直觉

焦虑怪兽在神经系统内的嚎叫可能变得很吵，想要迅速采取措施解决紧急情况是人的本能。当嚎叫是由于一场即将发生的车祸或家里客厅大火引起的,那么凭直觉行事是最合适的做法。当"躲在衣柜里的怪物"真的出现时,你的焦虑怪兽需要大叫"有危险"。

当"紧急情况"是高峰时段的交通堵塞、乘飞机途中的颠簸、特殊活动上的起身敬酒、认为恐慌症即将发作(或已经发作)时,情况就不同了。当紧急情况只是虚惊一场,出于本能保护自己免受危险的这一行为能够训练焦虑怪兽明白:这些特定情况值得它在神经系统中警示"有血腥的谋杀"。下一次遇到同样的情况时,焦虑怪兽会再次警示,如此循环下去,它会越来越确信这种威胁。

当你可以避免触发性情况,却采取直接回避或不必要的安全行为来阻止灾难性后果时,会助长恐惧症的循环。

直接回避

当危险真实存在时,避免危险是求生本能。深更半夜走在满是危险人物的黑暗小巷里,避免随身携带大量现金是明智的选择。

然而,如果危险仅仅是过度热心的焦虑怪兽误以为的威胁,那么回避只会加深恐惧。[17]

> 直接回避意味着不仅要回避感知到的威胁本身,还要回避任何可能与之相关的东西。例如:
> - 如果某人害怕鲨鱼,他可能不仅要回避海洋,还要回避海滩,回避关于鲨鱼的图片或视频,回避谈论鲨鱼,甚至回

避读到"鲨鱼"这个词。
- 如果某人害怕那些讨厌的侵入性想法（如创伤后应激障碍或强迫症），他可能会通过改变精神频道或用他最喜欢的网上娱乐来转移注意力以回避这些想法。
- 如果某人害怕某些身体感觉，他可能会竭尽全力不去感受。这可能意味着避免做有氧运动，这样就不会心跳加速。

直接回避也可能是通过摄入某种物质来抑制恐惧情绪，或者回避与恐惧情绪相关的人或地方，从而回避恐惧本身。

所有回避一开始都会让我们感觉很棒，就像彻底解脱了！

但这可能会让我们付出很高的代价！

如果回避被误解的"威胁"，焦虑怪兽就会错过纠正误解的机会。这种回避会向焦虑怪兽确认这种情况"确实是威胁"，它会越来越努力地让我们在未来远离这种"威胁"。

"糟糕的事情没有发生，因为我回避了飞行、约会、蜘蛛或和飞行蜘蛛约会……最好保持下去！"

由于焦虑怪兽警告"有危险"，你回避了哪些事情（包括身体和精神上的）？

_____

_____

_____

_____

_____

_____

_____

_____

安全行为

并不是所有患焦虑症的人都会直接回避被误解的威胁。例如：

- 害怕坐飞机的人通常会痛苦地飞行几十年（这一点我个人和其他专业人士都可以证明）。
- 有些老师害怕公开演讲，却能忍受一次又一次的讲课。

既然这些人能够"面对他们的恐惧"，为什么焦虑怪兽没有意识到这些情况并非紧急情况？

即使没有直接回避焦虑怪兽误认为威胁的事情，你每次处理它们的方式仍然会在无意中教会焦虑怪兽变得更加害怕。

采取安全行为表示你"正视了"令人害怕的情况，但采取了不必要的安全预防措施来避免灾难性后果的发生。容易混淆的焦虑怪兽就会把你的良好感觉归因于这些安全行为。

"成功了！最好保持下去！"

过去我曾经害怕坐飞机，但我仍然一年坐一两次飞机——我的恐惧随着每一次飞行而增加。我列出的安全行为清单会在大脑深处强化坐飞机的"危险"。我的安全行为包括：

- 根据航空公司的安全记录选择飞机类型。
- 只在白天坐飞机。
- 选择靠前的座位。
- 只坐在靠窗的位置。
- 观察空乘人员的面部表情,观察是否有恐惧的迹象。
- 查看窗外的景色,确保飞机在颠簸期间仍在水平飞行。
- 每当焦虑兽大喊"我们要坠落了!",我就紧紧抓住扶手。(事实上,我们并没有下降,但这让焦虑怪兽觉得它在某种程度上帮助支撑了飞机!)
- 分析每种声音。
- 分析每次颠簸。
- 通过逻辑或迷信获得 100% 的确定性。

……还有更多！

记住，焦虑怪兽有"防患于未然"的心态。当它错误地认为某件事是威胁，可你接触了这种"威胁"却没有发生灾难性后果时，它就会寻找一些说法来解释为什么你是安全的。

"你是安全的，因为你坐在靠窗的位置，下次最好不要坐靠过道的位置！"

"你是安全的，因为你击退了那些想法和感觉，最好坚持下去！"

"你是安全的，因为你在参加聚会前喝了三杯伏特加，下次聚会前最好也这样做。"

"你是安全的，因为你和让你舒服的人待在一起。要确保有人一直陪着你。"

安全行为包括你的身体行为。例如：

- 反复洗手，消灭细菌。
- 为即将到来的汇报做过多准备。
- 紧握方向盘，防止事故发生。
- 在聚会上和"安全的人"待在一起，而不是混入人群中。

安全行为也包括你的精神活动。例如：

- 抛弃或改变一个不愉快的想法。
- 一遍又一遍地分析想法，确保危险不存在。
- 数到感觉对为止。
- 祈祷。并不是出于宗教信仰，而是为了消除被误解的"威胁"。

这是安全行为，还是一种倾向？

通常，安全行为是许多人根据个人倾向经常选择做的事情，他们这样做其实不是为了规避威胁。例如，随身携带水瓶或智能手机，或者像我这样在飞行中望向窗外。从表面上看，这些行为可能是无害的，但问题在于人们为什么要这么做。

> 随身携带水瓶是一种方便的补水方式。
>
> 或
>
> 这是我必须随身携带的东西，为了防止恐慌症发作！没有它，一切都完了！
>
> 携带智能手机是与生活中重要的人保持联系的好方法。
>
> 或
>
> 这是我的救命稻草！我需要能随时叫救护车！如果我快死了怎么办！如果我恐慌发作无法转移注意力怎么办！没有它我根本活不下去！
>
> 在飞行中望向窗外是感受在白色蓬松的云层中翱翔和欣赏壮丽美景的方式。
>
> 或
>
> 我必须望向窗外，确保我们没有从天上掉下来！我不能容忍心中的不确定性！我需要消除疑虑！

某种行为是安全行为还是个人倾向，归根结底取决于行为背后的意图。好消息是，一旦焦虑意识到某些安全行为是不需要的（它们无关生死），就不会再继续采用安全行为。到那时，我们就可以尽情欣赏三万英尺高空的美景了！

> 注意：在可能发生危险的情况下，采取安全行为是正确的做法。
>
> 例如，独自一人的警察应该避免匆忙进入危险之地，直到增援到达。他们应该利用自己掌握的所有安全行为来应对危险情况，比如高度警惕、穿防弹衣、使用各种非致命或致命的技术。
>
> 如果一定要从飞机上跳下去，需要有降落伞，这是应对真正危险的最佳方式。
>
> 如果处于被虐待或其他危险的情况，正确的做法是尽力把自己从危险情况中解脱出来，并用安全行为来保证自己的安全。

在身体和精神上，你使用了哪些安全行为来回避被焦虑误解的威胁，以保证自己的安全？

☐ 随时随地携带智能手机。
☐ 随身携带抗焦虑药物。
☐ 随身携带水。
☐ 总是带着朋友或家人参加活动。
☐ 过度依赖呼吸技巧。
☐ 过度依赖放松策略。
☐ 不断监控自己的想法。
☐ 定期检查脉搏。

- ☐ 定期检查呼吸。
- ☐ 检查自己是否能吞咽。
- ☐ 强迫性地查看时间。
- ☐ 强迫性地查看天气。
- ☐ 坐在靠近出口的位置。
- ☐ 总是能找到最近的安全场所（医院、厕所、警察局等）。
- ☐ 等到最后一刻。
- ☐ 为了避免焦虑而退缩。
- ☐ 转移注意力。
- ☐ 一直和"安全"的人相处，而不是混入人群中。
- ☐ 在说话前仔细地规划自己的用词。
- ☐ 分析自己的行为或外表。
- ☐ 总体而言，过度准备。
- ☐ 服用某种物质来"撑过"某次活动或某种感觉。
- ☐ 不断从自己或他人那里寻求安慰。
- ☐ 让支持人员随时待命，以防万一。
- ☐ 经常向医生或从互联网上咨询健康问题。
- ☐ 过于紧张严肃地去做一件事。
- ☐ 匆匆忙忙地完成一项活动。
- ☐ 只有在感觉"刚刚好"时（平静时、休息后、身体健康时）面对恐惧。
- ☐ 只在特定时间或特定地点活动。
- ☐ 与情绪抗争。
- ☐ 吃某些食物/不吃某些食物。
- ☐ 只在慢车道上行驶。
- ☐ 追求完美。

其他:

恐惧的循环

要么直接回避被焦虑误解的"威胁",要么用安全行为来消除"威胁",你内心四岁的孩子得出结论:躲在衣柜里的怪物一定是真实存在的。教会你的焦虑怪兽更加害怕!

第四章 焦虑怪兽的行为问题

```
┌─────────────────────────────────────────┐
│ 时刻警惕的焦虑怪兽看到了一些东西（要么是在外面的 │
│ 世界里，要么是在你的思想或身体里）。            │
└─────────────────────────────────────────┘
                    │
                    ▼
┌─────────────────────────────────────────┐
│ 焦虑怪兽误以为这是对你的严重威胁。              │
└─────────────────────────────────────────┘
                    │
                    ▼
┌─────────────────────────────────────────┐
│ 焦虑怪兽开始嚎叫以引起你的注意，激励你保护自己   │
│ 的安全。也就是说，你感到了恐惧！               │
└─────────────────────────────────────────┘
                    │
                    ▼
┌─────────────────────────────────────────┐
│ 你对此的反应仿佛"威胁"真实存在（直接回避或采   │
│ 取安全行为）。                              │
└─────────────────────────────────────────┘
                    │
                    ▼
┌─────────────────────────────────────────┐
│ 当令人害怕的结果没有发生时，焦虑怪兽会认为      │
│ 这是因为你有所回避或采取了安全措施。           │
│ 因此，你最好继续保持，否则就糟了！！！         │
│ 焦虑怪兽仍然持续误解这种"威胁"。              │
└─────────────────────────────────────────┘
```

然后，你陷入了恐惧的循环。

巴里教会了他的焦虑怪兽更加害怕蜘蛛：

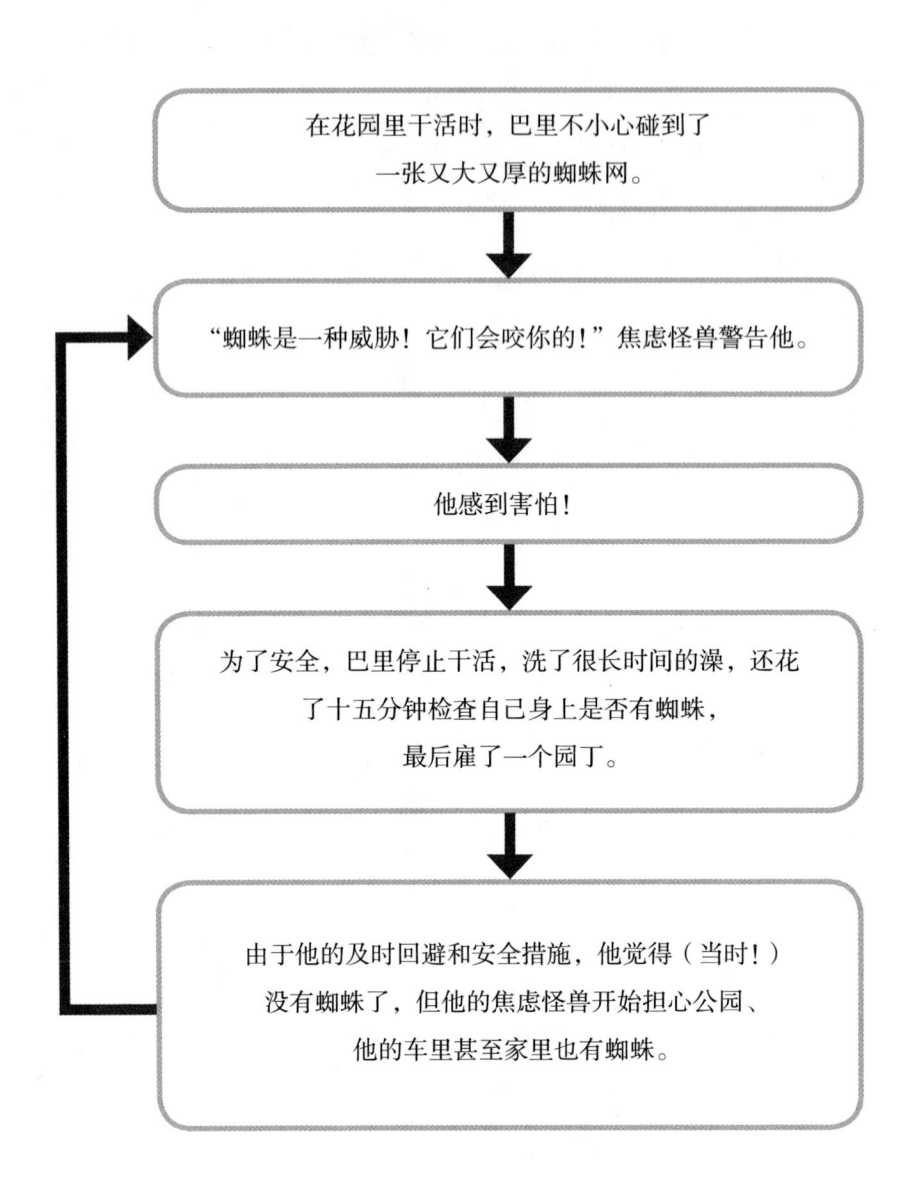

在花园里干活时，巴里不小心碰到了一张又大又厚的蜘蛛网。

↓

"蜘蛛是一种威胁！它们会咬你的！"焦虑怪兽警告他。

↓

他感到害怕！

↓

为了安全，巴里停止干活，洗了很长时间的澡，还花了十五分钟检查自己身上是否有蜘蛛，最后雇了一个园丁。

↓

由于他的及时回避和安全措施，他觉得（当时！）没有蜘蛛了，但他的焦虑怪兽开始担心公园、他的车里甚至家里也有蜘蛛。

当你被困在这种类型的恐惧循环中时，记住焦虑并不是在欺骗你陷入困境——你的焦虑怪兽真的感到很困惑。当我们无意中将某些东西视为威胁，证实了焦虑怪兽对危险的怀疑时，焦虑怪兽在未来会变得更加恐惧并过度保护我们。

焦虑怪兽的各类行为问题

焦虑怪兽的所有行为问题都以大致相同的方式起作用。焦虑怪兽会把相当安全的东西误认为非常危险的东西。当你遇到让你恐惧的对象，甚至只是想象你会遇到它时，作为回应，焦虑怪兽会在你的身体和心灵中咆哮。因此，你会对可能遇到这种情况感到恐惧并产生回避的冲动。

如果你能发现以下各类恐惧症的重叠,这说明你很明智且有洞察力。它们的区别主要在于语义和分类。更重要的是,我们需要了解产生恐惧的潜在过程和我们与焦虑怪兽的关系,而不是具体的疾病诊断。为了让焦虑怪兽学会不同的行为,我们需要改变产生恐惧的潜在过程。

特定的恐惧

你可能会对任何事物产生恐惧,当恐惧的对象是常见的地方、情况或物体时,你可能会产生特定的恐惧。常见的恐惧对象包括:

- 高处
- 坐飞机
- 驾驶
- 狭小的空间
- 针头
- 自然现象(如闪电、地震、野火)
- 动物/昆虫
- 牙医
- 呕吐

恐惧几乎可以针对任何事物。

强迫症

如果你有强迫症,焦虑怪兽可能会警告你有被污染的危险,无论是来自细菌、体液、化学物质还是其他可察觉的污染物。焦虑怪兽可能不只是担心你被污染,还可能担心你患上致命的疾病,或者你可能传播疾病给其他人。

这些都是可怕的想法，会让人产生想要彻底"净化"的冲动。在事关生死的情况下，任何微量的污染都令人无法容忍！但无休止的回避（比如不碰常见的东西）和数不清的安全措施（清洁、去污、检查/寻求确定性、不断重复直到感觉正确或完成某种迷信行为时为止）会让焦虑怪兽更加确信特定类型的污染物是危险的。

有些时候，强迫症患者的恐惧是由不必要的侵入性想法触发的。我们都可能有阴暗、令人厌恶的想法。通常情况下，这些想法会被忽视或者被简单地视为"不过是一个想法"。但当我们患有强迫症时，我们就不太容易忽视这些想法。焦虑怪兽错误地（但是出于好意地）从繁多的意识流中提取出这个阴暗的想法，尖声警示："有危险！"

强迫症患者可能会有的不必要的侵入性想法通常包括：

- 攻击性想法（如果你突然失控伤害了自己或他人，怎么办？）
- 犯了重大错误的想法（如果你忘了关烤箱、开车不小心撞到人或者没锁门，怎么办？）
- 关于性的想法（如果你的性想法或性冲动与你的价值观背道而驰，怎么办？如果你的性取向和你一直认为的不一样，怎么办？）
- 关于宗教或道德方面的想法（如果你做错了什么，比如说谎或无意中与某人调情，该怎么办？如果你有亵渎神明的想法，怎么办？）
- 关于人际关系的想法（如果你不是真的爱你的伴侣怎么办？你应该继续这段恋情吗？）

人们通常把上述想法称为"强迫症想法"。强迫症患者和非强迫症患者都有相同类型的想法。即使是你能想到的最阴暗、最令人厌恶的想法本身也是正常的，我们的大脑本来就能产生一些非常可怕的想法！

当焦虑怪兽震耳欲聋的咆哮让我们回避某些想法，或者让我们采取安全措施（强迫行为或例行公事）来消除这些想法的"威胁"时，强迫症就会出现。不幸的是，抑制强迫症想法的尝试在很大程度上失败了。

我们越是讨厌这些想法，与它们斗争，回避它们，焦虑怪兽就越会把这些想法误认为"威胁"，会越来越多地关注所有它认为是威胁的东西……

那些想法还在吗？现在，它来了！

已经消失了吗？啊，它又来了！

尽量不去想这些想法！可我无法阻止自己去想它们！

社交恐惧症

我们大多数人都不喜欢被拒绝，对患有社交恐惧症的人来说，被拒绝是一件很可怕的事情。

有了社交恐惧症，你的焦虑怪兽会在你可能处于聚光灯下的情况下嚎叫。无论是在公共场合演讲（所有焦虑怪兽的克星），还是在社交聚会上闲聊，焦虑怪兽都会警告你有危险。

对我们的史前祖先来说，这种威胁可能过于真实，但如今被拒绝已经不那么危险了。如果我们邀请某人约会却遭到拒绝，现代科技提供了一个充满其他可能性的世界，各种约会软件可以帮助我们快速遇到另一个潜在的伴侣。如果我们当众出丑，也不太可能被驱逐。即使被驱逐，我们还可以拿出智能手机在比读完这段话还要短的时间内找到一个新的社区。

作为一名心理学家和焦虑症专家，我接触过的许多人都透露自己有"深藏心底的黑暗秘密"——通常是他们有时会感到社交焦虑。事实上，社交焦虑是正常的，大多数人都经历过。

当焦虑怪兽的咆哮让你回避自己原本想要参加的社交聚会时，这不仅在阻碍你的生活，还会让焦虑怪兽知道"社交场合真的很危险"。

如果你只在某些安全行为的保护下才进入社交场合，这可能会让焦虑怪兽对社交场合产生错误的想法，例如：

- 假装自己是完美的。
- 在课堂报告前喝五杯伏特加。
- 在聚会中主动在厨房帮忙，逃避尴尬的闲聊。

创伤后应激障碍

在创伤后应激障碍中，焦虑怪兽会警告你对经历过的创伤的记忆（或者触景生情的地方）带来的威胁。它担心你会感到不知所措，无法忍受这些想法和随之而来的感受——或者担心危险会再次发生。少有人喜欢重温痛苦的记忆，但在创伤后应激障碍中，回忆创伤经历有关的事件或情境会让患者感到恐惧，干扰患者的生活和健康。

当焦虑怪兽警告你在你曾遇到真正危险的情况下要非常小心谨慎时，它是正确的。倘若你是曾遭受虐待的受害者，焦虑怪兽就是一个很好的伙伴：如果施暴者深夜出现在你家门口，它会警告你远离施暴者，让你的脑中浮现可怕的想法，让你的肾上腺素飙升。

然而，倘若危险人物不再构成威胁（他们搬走了，去世了，等等），可当你开车靠近他们的所在地或者想到他们的时候，焦虑怪兽仍在嚎叫，那么这种出于好意的警告可能会变成真正的恐惧。

广泛性焦虑症

广泛性焦虑症通常被误解为持续的焦虑不安（总体上感觉焦虑）。和其他焦虑症一样，广泛性焦虑症实际上是一种恐惧的过程。如果你患有广泛性焦虑症，当你对任何事情感到不确定时，你的焦虑怪兽都会咆哮。以下是几种情况：

如果迷路了，怎么办？

如果孩子在购物中心受伤或被绑架了，怎么办？

如果忘记打包一些东西，怎么办？

如果被闪电击中，怎么办？

如果配偶不忠，怎么办？

如果父母快离世了，怎么办？

所有情况的共同点是不确定性。广泛性焦虑症患者的焦虑怪兽会认为：如果他们不知道下周的天气，那么超强飓风就会来袭。他们越是努力在生活中获得确定性，焦虑怪兽就越害怕不确定性。

我们都不喜欢不确定性。谁不想知道一切都会好起来呢？然而，现实情况是：不确定性才是生活中唯一确定的事情。因此，当焦虑怪兽将不确定性视为威胁时，它就会变得非常恼人。

聚焦身体的恐惧症

焦虑怪兽除了对大脑中的噪声嚎叫,还会对身体本身产生恐惧。

对恐慌症最简单的解释为:对恐惧本身的恐惧。恐慌发作是一种突如其来的强烈焦虑。设想一下乘坐极限过山车的刺激感(恐惧感),再想象一下在杂货店排队结账时的焦虑程度与之相当。这就是恐慌发作。

我曾经在每次遇到飞行颠簸时都会恐慌发作,但我没有恐慌症。我的焦虑怪兽担心飞机随时会从天上掉下来,这是一种特殊的恐惧症。我不喜欢这种强烈的焦虑,但这不是我所关心的。

恐慌症患者通常害怕坐飞机,他们不担心飞机从天上掉下来,而是担心恐慌发作这件事本身。焦虑怪兽会警告他们:"你可能会昏倒,癫痫发作,甚至死亡。"许多患者告诉我,当在飞机上经历严重的恐慌发作时,他们只希望飞机能坠毁,这样恐慌发作就会更快地结束。

害怕恐惧的焦虑怪兽,就像一只"凶猛"的小狗对着镜子里的自己狂吠,确信那只冲它狂吠的大坏狗是威胁且必须被阻止。

当面对一只饥饿的熊时,你会恐慌发作——这可是一场需要你全力以赴的生存之战。当你身处三万英尺高空还被绑在小椅子上时,这并不需要你像害怕熊那样肾上腺素狂飙。

广场恐惧症是指对去某些会让你的焦虑怪兽全面恐慌发作的地方的恐惧,它通常与恐慌发作一起出现。有些广场恐惧症患者会尽量避免离开家。

恐慌症和广场恐惧症会导致人们通过服用物质（比如饮酒、吸食大麻、吃酸橙派）分散注意力，甚至采取绝望的措施只为"让自己即刻冷静下来"，以逃避内心体验。想象你在被枪顶着头时强迫自己做放松练习、瑜伽或禅坐。强迫自己放松其实是在逃避情绪，往往会适得其反，刺激焦虑怪兽的嚎叫。

恐慌症患者有很多安全措施。他们可能会随身携带一系列"必要的安慰物品"（比如水瓶、零食、手机、药物等）。并不是说这些物品本身不好，而是当焦虑怪兽认为没有它们就活不下去时，这些物品就变成了强化焦虑怪兽对威胁的错误认知的安全措施。

其他聚焦身体的恐惧症与人们对健康的焦虑有关。健康焦虑症患者的焦虑怪兽会警告他们可能患有致命疾病或小病。这与强迫症非常相似：人们意识到自己可能生病了，但他们不让焦虑怪兽与这些想法共存，而是努力摆脱这些想法或者去获得自己没有任何潜在致命疾病的保证。他们越是把自己可能患病的想法视为紧急信息，焦虑怪兽就越会警告他们："你可能患有一种尚未确诊的可怕疾病。"

躯体症状障碍与健康焦虑症类似，但焦虑关注的是真实存在的身体症状。如果你感到头痛，焦虑怪兽就会大喊："有肿瘤！"如果你感到心悸，焦虑怪兽就会说："是心脏病发作！"如果你觉得头晕，焦虑怪兽就会说："一定是某种神经退化性疾病！"

患有健康焦虑症的人的焦虑怪兽会要求他们通过互联网、医生咨询或在晚餐时与朋友家人沟通来消除疑虑。

回避的另一种选择是"教育时机"

假设你的焦虑怪兽把狗视为威胁，只要有毛茸茸的小狗出现的暗示，你的焦虑怪兽就会嚎叫。在这种情况下，你可能对狗有恐惧。

与其回避狗狗，你可以选择为焦虑怪兽提供"教育时机"。如果你同意照看邻居家可爱的斗牛犬，你将有机会给内心的焦虑怪兽上一堂关于"狗的安全性"的课。

从这个角度来看，那些唤醒焦虑怪兽的情境能够给你的焦虑怪兽提供教育时机。

现在你已经了解了焦虑怪兽在努力减少你暴露于威胁中的情况时可能限制你的生活或降低你的生活品质的方式。本书的后半部分将重点介绍如何与焦虑怪兽建立良好的关系，以及如何训练焦虑怪兽成为你更好的内心伙伴。

第五章

如何与焦虑怪兽沟通？
应对焦虑想法

人类的大脑非常忙碌，思绪不断地在意识中旋转跳动。大脑没有休息日，你不可能关注脑海中的所有噪声。

> 尝试这个练习：闭上眼睛，关注脑中的思绪，盯紧脑海中闪现的每一个想法和每一幅画面。
>
> 真的做不到！
>
> 在有限的注意力范围内，大脑必须为众多想法和画面排出优先级。猜一猜，在汹涌的思绪之河中，哪些想法和画面优先浮现在你的脑海中？答案是：那些大脑认为与威胁有关的思绪。
>
> 我关炉子了吗？
>
> 如果我身患重病怎么办？
>
> 老板会解雇我吗？
>
> 他为什么不回我信息？

感知（或想象）的威胁会直接引起你的注意。假设你深夜走在漆黑的小巷里，突然听到身后有好几个人的脚步声越来越靠近，这时，你可能会做去海边度假的白日梦吗？不太可能。更有可能的情况是焦虑怪兽的警告紧紧抓住了你的注意力——这合情合理。

绝大多数时候，你其实没有处于真正的危险中，你只是在试着过一个平静的生活。然而，焦虑能够也确实会定期出现在你的意识中。

焦虑怪兽说的那些话

你的焦虑怪兽喜欢喋喋不休地谈论各种危险，这是它的职责。它会向你发出各种警告，例如：

感染

你可能会染上致命的疾病!

你可能会传染给别人——你可能杀死他们!

你无法忍受那种恶心感!

身体感觉

你可能心脏病发作了!

你可能随时会昏倒!

你可能会失控,他们会把你关起来!

如果你恐慌发作,你会死的!

不确定性

如果不好的事情发生了怎么办?

如果你和不合适的伴侣在一起怎么办?

如果你最不喜欢的政客赢了怎么办?

如果你不能忍受这些"如果"怎么办?!?

走出舒适区

你最好待在舒适的家里!

和安全的人待在一起!

不要捣乱——你会掉下去的!

乘飞机

我们要坠机了!

太重了,飞不起来!

如果你当众抓狂了怎么办！！！

不完美
你不够好！
他们会怎么想？
你必须做得更好！

拒绝
这里没人喜欢你！
好尴尬！
你应该马上离开！

不一定要经历全面恐慌发作，你的焦虑怪兽就会大声咆哮——大脑里本来就有许多噪声。与其增加自己的恐惧或痛苦，你可以学会用更适当的方式来应对这些想法。

防患于未然的兽性逻辑

急于保护你免受威胁时，焦虑怪兽会试着说服你认真对待威胁。心理学家、专业兽语专家亚伦·贝克博士（Dr Aaron Beck）注意到人们经历焦虑时有以下几种类型的想法。[18]

兽性逻辑	焦虑怪兽告诉你的	焦虑怪兽想要你做的
读心术	这里没人喜欢你！他们觉得你很奇怪、很无聊、很没有吸引力！	离开聚会或者采取安全措施，比如保持沉默或与安全的人待在一起。
占卜	某种坏事即将发生！	回避这件事或者得到"一切都会好起来"的保证——要获得确定性！
小题大做	如果被拒绝了，你将永远无法释怀！恐慌发作会毁了你！如果睡眠质量不佳，你这一天将很难受！	认真对待它的警告！这次是真的，它真的是认真的！
标签化	你是个失败者！（它这么说并不是刻薄，而是为了激励你保证安全。）	放弃吧，待在安全舒适的家里。别找麻烦！
关注负面信息	当你得到称赞时，那不算数，他们只是因为同情你才这么说的！不要去想你在聚会上和那十个人的愉快互动——有一个人不喜欢你，把注意力放在这上面！	不要把注意力放在积极的事情上。关注威胁，永远要关注威胁！
非黑即白	如果你得不到 A+，你就失败了！如果你不像 Instagram 上的模特那么有吸引力，那就没人会跟你约会！	做到 100% 完美！

（续表）

兽性逻辑	焦虑怪兽告诉你的	焦虑怪兽想要你做的
应该做的事	你应该总是感到舒适。你不应该犯错误。你应该被所有人喜欢。你应该是一个伟大的演说家！	相信这些武断且通常不可能实现的目标（因为它想给你最好的！）。
情绪性推理	当飞机颠簸时，你感觉有危险，那就是真的有危险。你觉得自己在群体中不受欢迎，那你一定不受欢迎。这些想法感觉像威胁，那就肯定是威胁！	如果感觉某事有危险，那就表现得像是真的有危险（要防患于未然！）。
迷信	当心，你会倒霉的！如果你有"正确"的想法，就可以防止坏事发生！在木头上敲偶数次，否则有人会死！如果你害怕，物理定律就不管用了！	采取预防措施，依迷信采取行动。

焦虑怪兽像一个过度活跃的四岁小孩，为了保护你喋喋不休。我们很容易陷入被动接受这些噪声的模式，毫不犹豫地采取行动。但人们不会让一个四岁的孩子主宰自己的生活，你也不需要听焦虑怪兽发号施令。

回应焦虑怪兽的嚎叫

如果你明白焦虑怪兽是在帮助你，你就可以更理性地接受这些想法，而不是抓耳挠腮，在内心对着焦虑怪兽尖叫，让它闭嘴。如果你明白焦虑怪兽是出于好意，与其把焦虑当成事实，不如改变自己与这些想法的关系。毕竟，焦虑是我们大多数人生活中正常且持续存在的一部分。

与其只看这些想法的表面价值，不如学会用更适当的方式来应对这些想法，包括：

1. **接受内心世界吵闹的焦虑怪兽**：与其自欺欺人试图摆脱脑中这些正常但恼人的想法，不如坦然接受自己的内心体验，哪怕只是暂时的。
2. **采用慈悲的内心语调**：与其充满敌意或感到恐惧，不如改变自己的内心语调，以一种更慈悲、更支持的态度与自己沟通。这是慈悲聚焦疗法的特点。
3. **转变看问题的视角**：用新的眼光看待事物，也被称为"认知重新评估"。
4. **认知脱钩**：与某个想法保持距离，或者拒绝用分析为它正名。这是佛教徒 2500 年来一直遵循的方法，也是正念和接受心理疗法（比如接纳与承诺疗法）的主要内容。

接受吵闹的焦虑怪兽

倘若焦虑怪兽只在你面对的威胁真实存在时才会嚎叫，生活该有多么美好。尽管这不是你的错，你仍然是世界上最焦虑的物种之一——人类的一员。想一想你为了永久压制焦虑，都做了些什么？可焦虑怪兽仍然是你心中过分热心的保镖。

这并不意味着每次焦虑怪兽出现时你都注定受苦,你可以选择在短期内通过适当的行为减少痛苦,在长期实践中培养表现更好的焦虑怪兽。

> 试想,你正在驾驶一辆汽车,每当踩刹车时车就会发出尖锐刺耳的噪声。你打电话给汽车修理师傅,但预约修车是在两周后,你暂时还得开着这辆刹车时发出刺耳噪声的车子。你可以在每次踩刹车绷紧肌肉对抗噪声的时候诅咒车子,也可以接受事实并充分利用不愉快的驾驶体验。你可以重新关注拥有一辆车的价值,比如它让你可以拜访朋友,为了养活你和你的家人去上班。

练习接受的挑战之一,是不要为了强迫焦虑平静下来把接受变成一种"心理诡计":"如果我接受了自己可能失败的想法,我的焦虑怪兽就会停止一直在脑海中重复它。"换句话说,用接受逃避焦虑怪兽发出的噪声通常会让焦虑怪兽更加不安。

接受是你带着真诚和勇敢做出的决定——决心让自己重新关注生活中美好和有意义的事情,在你的能力范围内做出可行的改变。

采用更慈悲的内心语调

心理学家、慈悲聚焦疗法研究员保罗·吉尔伯特博士建议人们培养一种慈悲的内心语调来回应内心体验。当焦虑怪兽嚎叫时,我们常常以自我

施加的判断和谴责来回应，往往引发更多的威胁感和羞愧感。

将内心语调从批判性的自我批评转变为自我关怀，会大大减少焦虑带来的痛苦，打开自我安抚的大门，善意地迎接你的焦虑。

当你注意到焦虑怪兽在嚎叫时，试着想象这是你在乎的人发出的痛苦声音。你会有怎样不同的反应呢？

焦虑怪兽：如果你下周做工作汇报，你会让自己丢脸的！你应该取消！

自我批评式的回应：我担忧的理由真是站不住脚！这没什么大不了的，我不应该如此焦虑！

对比

焦虑怪兽：如果你下周做工作汇报，你会让自己丢脸的！你应该取消！

你（想象你最好的朋友正在忧虑）：这些担忧真是没必要！我希望你很快好起来，我会一直支持你。

慈悲心并不意味着让自己摆脱所有自我毁灭的行为。如果你深爱的人害怕离开家，已经一年没出过家门却急需医疗护理，你不会说"做得好"，也

不会说"你一直待在家里真像个白痴,快振作起来吧"。

相反,慈悲心通常意味着有勇气坚持真正重要的东西,而不只是追求简单的出路("我如何才能帮助你面对这个挑战?")。

转变观点

十九岁时,我认为坐飞机很冒险。我的理由是:一架重达百万吨的飞机,不可能仅靠我们呼吸的空气安全地从 A 点航行到 B 点。气流会破坏天空中某些微妙的平衡,轻易让飞机坠落。

拥有这样的想法,难怪焦虑怪兽会在我考虑乘坐飞机时咆哮,更不用说在三万英尺的高空中穿越层层气流飞行的时候了。

事实上,我的观点完全错了。坐飞机是最安全的旅行方式,颠簸是正常的且完全无害,这对我来说相当于改变了游戏规则。当我意识到我在飞机上唯一要害怕的是焦虑怪兽的错误警报时,我的观点改变了:在我乘坐飞机时,我并没有面临危险情况,我只不过遇到了大脑的一个小故障。

用逻辑和理性改变观点帮助我理解了(位于大脑的逻辑

中心前额叶皮层)"我在飞机上是安全的"这一事实。这就是我敢于反复坐飞机的原因,在飞机上我可以教导我的焦虑怪兽(位于负责处理情感的杏仁核)"坐飞机是安全的、可接受的"。逻辑有助于改善适应不良的想法,而经验有助于训练焦虑怪兽。以下是转变观点的例子:

旧观点	新观点
恐慌发作是危险的!	恐慌发作会让人感觉不舒服,但绝对安全。
我受不了被拒绝!	我不喜欢被拒绝,但我能够忍受。
我需要洗手直到我觉得自己无可挑剔地干净!	强迫性洗手从长期来看实际上会让我感觉手更脏。
在我约别人出去之前,我需要让自己感觉舒适!	逃避永远不会带来舒适,面对我的恐惧却可以。
苏西不想再做我的朋友了,她就这么走过去,连招呼都不打!	这种情况可能存在,而且会让人很难过。但另一种情况是,她可能压根没有看到我或者她正心事重重。
有阴暗的想法意味着我是个坏人!	有阴暗的想法意味着我是人,重要的是我回应它们的方式。

你可以转变对一个想法本身的看法:

想法:乘坐飞机是一项危险的活动。
转变为:据统计,乘坐飞机比其他任何交通方式都要安全。

或者,你可以改变对一个想法的产生过程的看法:

想法：乘坐飞机是一项危险的活动。

转变为：拥有这样的想法是为了训练自己提高对不确定性的容忍度。

挑战焦虑的想法本身通常不会改变焦虑怪兽的咆哮，但它可以帮助我们鼓起勇气面对有挑战的事情（坐飞机、公开演讲、约会等）。在挑战中，焦虑怪兽也通过这些经验获得了最好的学习机会。

实际上，沉迷于获得确定性会令人沮丧且适得其反。

焦虑：你的头痛可能意味着脑瘤，你最好马上去看医生！

你：我去看过医生，他们说我没事。

焦虑：医生可能弄错了。最好打电话再约个时间，以防万一！

你：可能只是鼻窦充血。

焦虑：你怎么能确定？

你：……

焦虑：你必须要很确定自己没事！！！

无论你多么努力，生活都不可能提供你的焦虑怪兽很想要的100%确定性。把观点从"我需要确定性"转变成"为确定性挣扎会让我痛苦"可能是一个有用的方法。例如：

焦虑：你的头痛可能意味着脑瘤！现在就去确认！！

你：确认这一点没用，我能忍受目前的不确定性。

另一个应对焦虑的有效方法是与负面想法保持距离[19]，不要与负面想法合二为一。

认知脱钩

很多时候，脑中焦虑的噪声——焦虑怪兽的嚎叫——是非理性的，有时这些想法无疑令人深感不安，但它们不过是噪声。这些想法要么不合逻辑，要么是无法回答的问题，比如：

- 你可能相信飞行是安全的，但焦虑怪兽大喊："飞机要坠毁了。"
- 你可能知道自己被爱着，但焦虑怪兽担心没人喜欢你。
- 你是一所重点大学物理系的学生，但焦虑怪兽警告你："你不够聪明。"
- 你可能知道在海里游泳相当安全，但焦虑怪兽一直哼着《大白鲨》(Jaws)里的鲨鱼之歌。

- 你可能知道有阴暗的想法是正常的，但焦虑怪兽小声说："如果它们是真的呢？"

与其让负面想法缠着我们不放，你可以通过练习与这些想法脱钩。认知脱钩指的是将自己从想法（或感觉）中脱离出来，与它们保持距离。

认知脱钩帮助你学会注意这些负面想法但不深陷其中。一般来说，当你有"恐慌发作会杀了我"的想法时，与其掉入负面想法（"天哪，我要死了"）的陷阱，你可以注意到"我意识到了恐慌发作会杀死我这个想法"，或者简单地注意到"我的脑中有这么一个想法"。

"焦虑怪兽"的概念其实是一种认知脱钩的策略。当你意识到焦虑想法（比如"恐慌发作会杀了我"）出现时，与其对恐慌发作感到恐惧，你可以把这种想法当作过分热情的焦虑怪兽的嚎叫。把焦虑的想法与感觉的出现看作只是为了帮助你的"内心保镖"的小故障，能够让你更容易退一步观察，不再把焦虑归咎于自己。

焦虑怪兽说	认知脱钩的例子
你被感染了！	我有"我被感染了"这个想法。
飞机要坠毁了！	我的焦虑怪兽只是想帮忙。
鲨鱼马上就要吃了你！	我知道这对你来说很可怕。
恐慌发作会杀了你！	我的焦虑怪兽正在嚎叫。
你的头痛是因为脑瘤！	我又出现患脑瘤的想法了。
这些想法意味着你有危险！	我意识到了"我有危险"这个想法。

要想和负面想法保持距离,我们需要专注于"了解大脑噪声的产生过程",而不是深陷负面想法本身。

比起将焦虑视为敌人(将焦虑视为欺凌者、怪物、恶魔),认知脱钩更具有慈悲心(将焦虑视为有小故障的保护者),能让人获得善意的抚慰力量。

焦虑怪兽的嚎叫让我想起了我的孩子。那时他们还在蹒跚学步,他们爱发脾气,这让我很不愉快,但我从未停止爱他们,也从未停止关心发出噪声的孩子。他们没有因为尖叫成为我的敌人,我理解他们在那个年龄所做的事情是他们的天性。我可以接受这些事实,让它们顺其自然地发生,而不改变对我来说真正重要的事情——尽我所能抚养我的孩子。

认知脱钩的另一个策略是一遍又一遍地重复焦虑想法。倘若,焦虑想法是"我永远都找不到工作!",那就一遍又一遍地重复这句话五分钟。起初,你会注意到伴随这个短语出现了其他想法和画面(比如无家可归），但请继续重复这种焦虑想法。接着，你可能会注意到这种负面想法开始失去意义，变得像乱码，焦虑怪兽也不再激动。

你还可以像拍卖人那样快速地不断重复这个短语，再像电量不足的机器人那样缓慢地重复它。尝试用一首歌的曲调把它唱出来，再用夸张的外国口音重复一遍。这听起来很傻，但比起把负面想法当作威胁，这种策略难道不是一种进步吗？

认知脱钩练习：想象一个轻微触发焦虑的情景。当你注意到焦虑想法出现时，把它记下来（我意识到这样一个想法 _____ ），或者意识到焦虑怪兽正在帮助你——并为此感谢它。

与典型的应对焦虑想法的经验相比，这种方法有什么不同？

现在，想一个反复出现在脑海中的让你心烦意乱的焦虑想法。大声重复这个想法一分钟，用较快的语速重复一分钟，再用较慢的语速重复一分钟。接着，把它编成一首歌重复一遍。最后，用外国口音或滑稽的声音再重复一遍。

你注意到了什么？

_____

_____

_____

_____

_____

_____

有时，转变思考的角度是有益的（特别是当你对你的焦虑怪兽深信不疑时）。在其他情况下，认知脱钩更有效，特别是当你不太相信焦虑想法却仍然感到困扰时。转变观点与认知脱钩的结合也是一种有用的策略。你可以转变自己的角度，改变一个错误或无益的信念（乘坐飞机是危险的！），然后切换到认知脱钩（我有一个想法：飞机会坠毁）。

然而，有些时候焦虑怪兽说的话不应该被忽视。例如：

焦虑：你忘记去托儿所接孩子了！
你：我意识到我忘记去接孩子了，我想我还是去看场电影吧。

记住，焦虑怪兽有时候是对的。当需要解决问题或学习新技能时，采取行动可能是应对焦虑的最佳方式：

焦虑：你忘记去托儿所接孩子了！
你：谢谢提醒，马上去！

成为自己和自己的焦虑怪兽的"好教练"

正如第三章中所说，一名好教练能够用智慧和慈悲心来应对生活的挑战。在回应焦虑怪兽的警告之前，花点时间思考：什么才是你希望传递给内心体验的"好教练"的特质？

一名好教练在应对焦虑时会利用上述所有技巧。当事情变得困难时，他们会鼓励你去接受现实，而不是让你与现实抗争："我能理解现在的情况很艰难。这可能会让你感到不舒服。"

好教练的语气是慈悲的,他们会说:"我在这里支持你,让我们一起来解决问题吧。"

在必要时,好教练会帮助我们转变视角,他们会说:"我们可以试着从另一个角度看待问题。"

好教练帮助我们避免陷入不必要的处境:"不要陷入那些无关紧要或带来困扰的想法。只要注意到这些想法就好,让它们自然地存在,不去过度纠结。"

好教练也会接受我们的不完美,即使我们犯了错误,也会保持友善并鼓励我们。当我们陷入困境时,好教练会专注于温和地解决问题,鼓励我们培养技能克服障碍:"我们先浏览地图了解重要站点,再决定走哪条路线上山。"好教练致力于帮助我们朝着目标前进。

当我们被各种焦虑想法压垮时,正是让自己进入"好教练"模式的绝佳时机。以下两个例子告诉我们应该如何引导内心的好教练。

> 达西认为,晋升为区域经理不仅意味着薪酬的增加,还意味着生活质量的提高,但她没有意识到搬到另一个小镇、远离亲密的朋友和家人会让自己如此孤独。最近几个月,她陷入了与孤独和社交焦虑的痛苦挣扎。
>
> 现在,达西正坐在车里,她为了认识新朋友报名参加了一场游戏之夜。一想到要和一群陌生人一起玩游戏,她就感到害怕。她的焦虑怪兽在心里咆哮:
>
> 如果他们不喜欢你怎么办?
>
> 如果丢脸了怎么办?
>
> 如果没人理你怎么办?

她花了一点时间，更温柔地引导她内心的好教练。

接受：我现在的确感到焦虑，大多数人都会遇到这种情况。

改变内心的语气：我正在走出自己的舒适区——这对我有好处！让我想想我现在应该怎么做才能更好地应对。

转变视角：我的焦虑怪兽非常害怕这种情况，但这正好是一个绝佳的机会，让我能够教会焦虑怪兽这种情况是安全的、可接受的。另外，如果没有人跟我说话，我可以随时离开，我更愿意与愿意倾听的人交流。

认知脱钩：我知道焦虑怪兽正试图保护我。可怜的小家伙担心我被羞辱。

引导：我会感到害怕是正常的，这是一个认识新朋友的好机会。为什么不去向大家介绍自己呢？我相信你，你能做到！

压力像一场风暴袭击了迈克尔。得知公司要倒闭时，迈克尔正处于离婚的最后阶段。他已经在这家公司工作了十五年，这份工作很快就要结束了，他将没有收入来源。

在听到噩耗后开车回家的路上，迈克尔开始感到头晕、恶心和呼吸急促。他的心脏怦怦直跳。担心自己心脏病发作，他急忙赶到最近的急诊室。医生诊断他为恐慌症发作。

三个月过去了，他现在正坐在办公室里，准备接受一份新工作（待遇也更好！）的面试。他突然又开始恐慌发作，他的焦虑怪兽开始咆哮：

你恐慌发作了！

> 你要死了!
>
> 你最好现在就逃离现场!!!

迈克尔意识到他需要退一步,引导他内心的好教练。

接受:我现在真的很焦虑。但如果我反抗,只会让事情变得更糟。

改变内心的语气:大多数人在这种情况下都会有很多焦虑想法。焦虑一点也不丢人。我会尽力而为。

转变视角:虽然焦虑很讨厌,但它是安全的——我可以接受它。我可以利用这种情况来告诉我的焦虑怪兽:恐慌发作不是紧急情况。

认知脱钩:我只有一个想法:我要死了。出故障的焦虑怪兽想让我逃走,它只是在尽力保护我。

引导:你不必离开。试着让肌肉保持放松,确保自己没有屏住呼吸。这很难,但你能做到!

练习:成为自己的好教练

尝试下面的练习,想一个你正为之挣扎的焦虑想法。

我的焦虑想法是:

_____

_____

_____

_____

_____

_____

接受：观察身体对负面想法的抗拒，可能是肌肉紧张或者呼吸更浅。或许，你会在精神上试图赶走焦虑想法，但要允许自己接受焦虑想法的存在。要明白：这不是你的错，这只是焦虑怪兽在嚎叫。

改变内心的语气：想象一个你非常在乎的人正在因这种负面想法而挣扎。你会告诉他/她什么，你会怎么说？

转变视角：是否有另一种更有益的方式来看待焦虑想法？一个更年长、更睿智的你，会如何看待正在发生的事情呢？

认知脱钩：练习上述提到的认知脱钩方法，你注意到了什么？

引导：除了接受、以善意的语气和自己沟通、转变视角、认知脱钩，还有什么有用的建议能够推动你向对你重要的事情迈进？

与喋喋不休的焦虑怪兽好好相处

无论我们采用哪种策略或组合策略来应对焦虑想法,我们的目标都是摆脱负面想法给生活带来的限制,并尽量减少不必要的痛苦。"获得自由"并不意味着从不舒服的想法中解脱出来,而是选择让焦虑想法以一种有意义的方式参与到生活中去,不被有故障的焦虑怪兽的过分热情带偏了方向。

应对焦虑不是一劳永逸,而是一种生活方式。无论你多么善用接受策略、以善意的语气和自己沟通、采用认知脱钩或转变看待问题的视角,焦虑怪兽都会找到新的方法在不合时宜的情况下试图帮助你。当焦虑怪兽变得特别暴躁时,以更适当的方式应对焦虑想法会对你更有益。

第六章

当焦虑怪兽发怒时，什么该做，什么不该做？
如何应对高度焦虑？

当精力旺盛的焦虑怪兽大声嚎叫以吸引你的注意时，你会感到非常不舒服。如果焦虑怪兽是正确的，你真的处于危险之中，那么惊人的转变必然会发生。例如，面对一只快速逼近饥肠辘辘的熊，你的身体必须在瞬间将你从在森林中自在徒步的人变成世界级短跑运动员和战略思维家。这种身体的变化可能难以察觉，也可能像全方位的折磨。即使如此，焦虑怪兽也只是在完成本职工作，为了让你远离感知到的威胁。

关于焦虑情绪，你想教会焦虑怪兽什么呢？

"无忧无虑"只存在于童话故事中，许多研究表明，即使是最好、最有效的治疗方法，仍然无法完全根除焦虑。如前文所说，即使有可能完全摆脱焦虑，你也会变得非常虚弱（前提是你活下来了）。

当我们告诉内心的保镖"感到焦虑"是一种威胁时，问题随之而来。不管焦虑怪兽将什么东西误认为威胁，它都会视其为真正的威胁。如果焦虑本身就是威胁，当生活自然而然地带给我们压力和担忧时，焦

虑怪兽就会大叫:"有危险!"作为回应,我们用"战斗、逃跑、僵住"反应的全部力量来对抗"威胁",这导致我们因感到焦虑而焦虑。

如果你告诉焦虑怪兽:"焦虑是人类生活的正常组成部分,每个人都会有焦虑,这不是你的问题,也不是你能选择的。"焦虑怪兽就会更少地把焦虑放在重要的位置,你也会更少地因在所难免的焦虑感到痛苦。

更为重要的是,如果焦虑不是一种威胁或需要逃避的敌人,你就更有可能去追求理想目标。追求目标本来就会伴随焦虑的增加,比如约会、结交新朋友、养育孩子或推动自己追求更有挑战性(也更有回报)的职业发展和教育机会。

干净的焦虑 vs 肮脏的焦虑

"干净的焦虑"是指自然出现的焦虑。这是焦虑怪兽想让你知道它的存在——无论是现在还是将来,焦虑怪兽一直在保护你免受威胁。所有正常、健康的人都经历过这种焦虑。它之所以"干净",是因为它是处于能引发焦虑的情境中的直接结果。例如:

- 当你面试迟到了十分钟。
- 当你穿过拥挤的购物中心,仅仅离开你四岁的孩子一秒钟,你就发现她不见了。
- 当你在等待检查结果以排除罹患严重疾病的可能性时。

遇到任何形式的不适时,我们都会有批判或抵制它的冲动。当我们进行负面批判和抵制时,不适和痛苦会加剧;当我们接受它,心态平和地允许它存在时,不适和痛苦会得到缓解。

假设你感到头痛。你的脑袋感到不舒服是一个事实,如果我有同样程度的头痛,我也会感到不舒服。这是一种"干净的不适",因为它只是一个现象,它是你感觉到的。

现在,想象你感到头痛,并与这一事实做斗争,这会让痛苦陷入新的矛盾中:"我无法忍受头痛!我不应该有这种感觉!刚好是在我做重要汇报的那天!太可怕了!我受不了!"

随之而来的是内心的挣扎。你绷紧肌肉,咬紧牙关,屏住呼吸,开始忍受头痛的折磨。

这种对"干净的不适"的批判和挣扎导致了"肮脏的不适"。"干净的不适"让人感到不舒服,但"肮脏的不适"会让人更加难受。当我们

在"不适之火"上浇油时,"肮脏的不适"就出现了。

虽然"干净的焦虑"是生活中不可避免的一部分,但我们可以通过在神经系统中为焦虑怪兽创造一个良好的环境来减少它的嚎叫。

尽可能减少干净的焦虑

由于焦虑怪兽生活在神经系统中,刺激神经系统的东西会让焦虑怪兽变得更易怒、更大声地嚎叫,这通常是没有必要的。安抚神经系统的东西会让焦虑怪兽更容易平静下来。让我们来看看一些可能刺激或安抚神经系统的因素。

睡觉

成年人每晚平均需要 7~9 小时的睡眠时间，但有 40% 的人睡眠时间不足 7 小时。[20] 哪怕只是一夜没睡好，焦虑感也会增加 30% 左右[21]，这会带来额外的"干净的焦虑"。由于咆哮的焦虑怪兽会导致失眠加剧，这有可能形成恶性循环：睡眠不足导致焦虑，焦虑导致睡眠质量更差。

为了给焦虑怪兽一个更好的环境，我们可培养一些良好的睡眠习惯，比如在睡前一两个小时关闭电子屏幕，阅读一本好书，做放松运动，每天按时睡觉按时起床。

锻炼

久坐不动和缺乏锻炼会增加焦虑。请记住，史前人类生活在危险的时代，他们的大脑中有嚎叫的焦虑怪兽，现实环境中有真实的森林猛兽。当遇到危险时，我们的祖先会通过战斗或逃跑来消除焦虑。如今，当感到焦虑时，我们会坐下来看 Netflix 视频。

坚持每天锻炼，即使只是到户外散步或者打扫房间，都能对神经系统和焦虑怪兽起到舒缓作用。[22]

摄入物质

我们摄入的物质会对神经系统产生极大的影响。

摄入咖啡因和尼古丁之类的兴奋剂会激活神经系统，让我们更有可能经历高度的焦虑。

对有些人来说，酒精会在他们喝酒时引发焦虑。对另一些人来说，酒精会让他们在清醒时产生充满焦虑的宿醉感。对其他人来说，大麻会增加焦虑，甚至引发恐慌。

还有一些人在尝试戒掉他们依赖的物质时会有明显的焦虑。

> 小时候我深信中餐让我很焦虑。
>
> 我和家人经常在星期五晚上出去吃中餐。虽然我喜欢中餐,但用餐结束时,我总是非常焦虑,坐立不安,在椅子上发抖。这种情况每次都会发生,我也不明白为什么。
>
> 当我稍微长大一点时,我了解到一种叫作咖啡因的物质,了解到它如何使神经系统变得兴奋。原来,让我感到焦虑的是中餐馆的茶中的咖啡因。当大人们聊天的时候,我会一杯接一杯地喝温暖可口的茶,大量的咖啡因让我的神经系统加速运转。

饮食

饮食会影响人的焦虑水平。例如,饮食中全是高碳水食物(如糖、白面包和白米饭),会使血糖在骤降之前达到峰值。血糖的下降会让焦虑怪兽感到烦躁,不吃饭也会产生同样的效果。富含水果、蔬菜和全谷物的饮食为焦虑怪兽提供了一个更舒适的环境。[23]

保持水分也很重要。即使是轻微的脱水也会增加焦虑,对心情产生负面影响。[24]

药物

许多常用的处方药和一些非处方药都会导致焦虑。我曾经服用大量的类固醇泼尼松长达一个月,这种药物竟会让焦虑怪兽如此大声地嚎叫,着实让我大开眼界。

即使是用来缓解焦虑的药物(比如选择性5-羟色胺再摄取抑制剂)也可能导致非常严重的焦虑,尤其是在最初使用的几周里。当停止服用这些药物时,患者可能会有戒断反应,这也会引发焦虑。

如果你正经历高度焦虑并且服用药物（包括非处方药），你需要和医生确认这些药物是否会引发焦虑。

健康

不只有药物可以激活神经系统，某些疾病也可以。在急性或慢性疾病发作时，和医生密切保持沟通，确保自己患病期间的身心健康。例如，如果患有糖尿病，你需要确保自己采取了必要的措施，使血糖尽可能保持在理想范围内。

呼吸

感到焦虑时，我们可能会注意到自己要么屏住呼吸，要么通过上胸部浅呼吸，这些动作都会加剧焦虑。

与其过度依赖呼吸来逃避体验（我必须正确呼吸，否则就会……），不如把注意力集中在呼吸上，更平和地感受当下的体验，让自己活在当下。

当焦虑怪兽咆哮时，当作它在提醒你自己注意呼吸。你是屏住呼吸，还是浅而急促地呼吸呢？如果胸部和腹部很紧（这表明你在和自己的经历做斗争），尽可能地放松腹部和胸部，不要逃避焦虑（这会让焦虑变成威胁）。平和地面对它，让自己的呼吸恢复正常，甚至可以稍微延长呼气防止过度换气。

重要的是向焦虑敞开心扉，为焦虑怪兽创造一个"玩耍释放"的空间，不要通过屏住呼吸或浅呼吸为焦虑火上浇油。

行为激活

当一个人每天都从事有意义的活动时，总体幸福感会增加。因此，当你感到情绪困扰时，打起精神，采取行动。

不要指望一开始会很容易。有时你可能需要集中精力抬起胳膊和腿，让自己从沙发上站起来，冲个澡，到花园里去，和朋友一起吃午饭，或者在街区附近散步。

人际关系

人类是群居动物，我们有从众本能。在史前时代的危险时期，一个人如果离开了群体，往往会成为捕食者的美味佳肴。那些紧紧跟随群体的人，更有可能存活下来养育后代，将他们的 DNA 遗传给我们。

这意味着当你和安全的人——那些对你热情友好的人在一起时，你通常会感到平和。培养积极的人际关系需要花费时间和精力，这对于让神经系统为焦虑怪兽提供一个平和的环境至关重要。

调整节奏

人生最好是一场节奏适中的马拉松，但人们常常把人生当作一场全力以赴的冲刺。匆忙做一件事的紧张感会让压力荷尔蒙在你的身体和生活中肆意流淌。从一个地方赶到另一个地方，通常意味着你很少活在生活真正发生的地方——当下。

试着记录自己每天的活动和事项。看看日程安排，再问问自己：我是不是太忙了？如果是，哪些活动对创造美好生活并不重要？哪些可以少做或者不做？

确定事项的优先级可能很困难，毕竟消磨时间的方式有很多，而一天只有那么几个小时。你能一举两得吗？例如，你能通过邀请朋友去徒

步把社交互动（对你来说可能很重要的事情）和锻炼身体结合起来吗？你能在做一些无须动脑的重复工作时进行冥想吗？

还有其他节省时间的方法吗？例如，当日程安排超负荷时，你可以在早上起床时不整理床铺，或者晚点儿再洗碗吗？

理想情况下，你可以创建一份基于价值观的时间表，只做对你而言真正重要的活动。这也许是花更多的时间与家人或朋友在一起，也许是花更多的时间在精神追求上，也许是为了攒钱旅行而工作。

正念练习

有时生活不可避免地让你感到焦虑不安：我同一天有四场考试！我的孩子放学回家很晚！医药费太贵了！这些事情自然会让神经系统加速运转。如果神经系统已经处于高度紧张状态，额外的焦虑触发因素会让你感到不堪重负。

如果你在忙碌的一天中练习短暂地放慢节奏，你就可以降低每时每刻的压力，这样焦虑触发因素就不会让焦虑达到临界点。正念练习意味着按下生活的暂停键，用一小段时间专注于内心。

> 注意你的呼吸。它是紧张的还是放松的？注意肌肉的紧张程度。你是否在抗拒任何想法或感受？
>
> 让它们过去吧。
>
> 融入自己的体验中，释放紧张情绪，注意呼吸。你还可以做一些慢节奏的深呼吸来帮助自己释怀。

为了让正念练习更方便，你可以把正念练习与正在做的其他无须动脑的活动结合起来，比如等电话、坐电梯、上厕所、等公交、等红绿灯、在杂货店排队。

与其逃避此刻的情绪或体验，不如为自己的想法和感受创造一个更舒适的环境。

你还可以在一天中安排更多的休息时间，比如散步，给爱人打电话聊天，或者离开办公室去享受一顿美食。

这样做不仅是为了让神经系统放松下来，也是为了在短暂的充电后让自己更专注于当下。

为焦虑怪兽提供想象的休息时刻

想象对身心都有强大的影响。如果你想象的是有威胁的可怕情况，焦虑怪兽就会苏醒过来试图努力保护你。

也可以想象焦虑怪兽和自己处于一个安全舒适的环境。比如：

- 在风和日丽、阳光灿烂的日子躺在泳池边。
- 沿着沙滩漫步，感受温暖的沙子包裹脚趾。

- 一个你觉得特别安宁的童年家园。
- 躺在自己的豪华游艇的甲板上。
- 乘坐自己的宇宙飞船，飞过群星闪烁的静谧深空。

让我们试着定时三分钟，闭上眼睛，缓慢而有节奏地深呼吸，想象自己在一个安全的地方。你可以一个人待在那里，也可以和任何让你感到平和放松的人在一起。

运用全部感官，你看到、听到、感到、闻到或者尝到了什么？在这三分钟里，把焦虑先放在一边。

描述让你感到放松的地方。你的内心体验是什么样的？

_____
_____
_____
_____
_____
_____
_____
_____

接受无法改变的事情

生活总是伴随着挑战。让自己和无法改变的事情做斗争（比如衰老、死亡、时而出现的焦虑、自己最喜欢的电视节目被取消）是痛苦的来源。在面对不可避免的事情时，接受和放手会让人感到宽慰。

接受并不意味着喜欢或想要。接受意味着培养一种接受现实的意愿，而非对抗不可避免的事情。佛教告诉我们，痛苦的根源在于与现实的斗争和挣扎。

尽自己所能去改变

如果生活中的某些东西一直是压力的来源，看看自己是否能改变它——或者至少改变你与它的关系。

记住，有时焦虑会告诉你一些有用的东西。例如，如果它嚎叫是为了警告你，你正处于一段备受折磨的关系中，那就立刻采取行动吧。如果工作压力大且没有回报，你该如何改善呢？你还有其他职业道路可以选择吗？问问你自己：

- 我想改变什么？
- 有哪些改变的方法（头脑风暴）？
- 每一个合理改变的利弊都是什么？

接着，选择一种行动方案或行动组合，开始行动。

最后，评估所做的改变是否改善了自己的处境。如果有改善，那就继续。如果没有改善，那就重新开始。

> **艾玛**
>
> 我想改变什么？老板精神虐待我，这让我每天工作都很焦虑。
> 有哪些改变的方法（头脑风暴）？
> 辞职。
> 开始找另一份工作。

> 向人力资源部举报。
>
> 回到学校学习。
>
> 果断地和老板谈谈。

每一个合理改变的利弊都是什么？

头脑风暴	利	弊
辞职	立刻感到放松；感觉充满了自主权。	我需要支付账单；如果我失业了，可能更难找到一份新工作。
开始找另一份工作	我会找到工作；朝着更好的工作迈出一步，自我感觉很好。	与此同时，我仍然在老板身边工作。
向人力资源部举报	可能会有正式的文件记录；他们可能会帮忙。	我讨厌对抗冲突；人力资源部可能会站在老板那一边。
回到学校学习	我可以为了更好的就业机会接受训练；立刻感到放松；我爱上学！	我可能负担不起；需要承担债务；这是一个很大的承诺。
果断地和老板谈谈	可能会改善情况。	我会感到焦虑；他可能会开除我。

选择一种行动方案或行动组合，开始行动。

> 下次他有虐待行为时，我会鼓起勇气更果断地和他沟通。如果他不改变他的行为，我会向人力资源部举报他。
>
> 如果这些都没用，那么备选计划就是回到学校学习。

定期休假

我不是在建议你去法国蔚蓝海岸度假一个月。我的意思是你可以休息一下。对有两份工作的单亲父母来说，这可能意味着时不时休息半天，或者与朋友交替照顾孩子——你帮她看一天孩子，然后两人交换。

如果你可以有一个漫长的周末或一周时间的假期，把它当作充电时间，让你的神经系统脱离日常苦差，休息一下。当手机电量不足时，你会给它充电。你又该如何给自己充电呢？

花时间和同伴（朋友、家人）在一起

当我们感觉与同伴分离，大脑会用孤独的痛苦来刺激我们，鞭策我们与他人联系。孤独感也会让你的身体和精神出状况，导致焦虑怪兽变得暴躁。对大多数人来说，成为群体中的一员可以缓解焦虑。

如果你的焦虑怪兽感觉自己受到了其他人的过度威胁（比如社交焦虑症），找到你的群体可能会特别困难，但朝着更健康的社交场合迈步仍是值得的。

反思完美主义（和拖延症）

完美主义者很难接受"足够好"这个概念，他们通常要求自己的表现完美无瑕。但无论一件事做得有多好，他们都很难静下来欣赏它，因

为没有什么是足够好的——没有什么是完美的。

完美主义者对自己有"永远不够好"的标准，有些完美主义者也会对他人有不切实际的期望。

他们总觉得，所有人都让他们失望，没有人能达到尽善尽美的标准。这往往会妨碍亲密、能给予帮助和抚慰的人际关系的建立和维持。

有些完美主义者的表现正如你所想，他们充满着兴奋、紧张、沮丧的狂热情绪。不过，有些完美主义者看起来却像后进生，他们无法跟上繁忙的学业或紧张的工作进度，倾向于推迟做事——通常是直到最后一刻才做。这样，他们不会因为"不完美"而没能交出完美的作品——他们对自己解释说只是因为时间不够。

降低完美主义标准对于让神经系统成为更友好的焦虑怪兽栖息地至关重要。

在某些特定领域追求卓越值得鼓励，但是，为了拥有更快乐、压力更少的精神状态，我们可以对自己说："没有什么人或物是完美的。"不要去想"如果自己再努力一点，事情就会变得更好"，尽情享受一顿佳肴或一个吻带来的快乐。

设定合理的目标，把生活中不可避免的失败视为成长的机会，而不是用来惩罚自己的情境。

如有需要，寻求专业帮助

我们每个人都有需要帮助的时候。有时候，你能做的就是鼓起勇气去寻求医学、精神病学或心理学专业人士的帮助。寻求帮助不是软弱的标志——而是有毅力的体现。

一个足够好的家 vs 一个让干净的焦虑恶化的家

这是一个周五的午夜,你的焦虑怪兽正在凶猛地咆哮。晚上早些时候,你刚拿到驾照的十六岁孩子第一次独自开车和一些朋友出去玩。他答应晚上十点前回家,但现在还没回来。

你发短信,却没有得到回复!

你打电话,他不接!

你的焦虑怪兽尖叫着说:"万一他出事了怎么办?"

对于关心孩子的父母,这是一个焦虑的时刻。试想,有两个版本的你正在面对同一只焦虑怪兽的嚎叫。

版本 1:

- 你总是留出时间睡个好觉(至少大多数晚上都是这样),昨晚也睡得很好。
- 你今天早上快走了三十分钟,下班后还抽空去上瑜伽课。
- 今晚,在与好友享用营养丰盛的晚餐后,你品尝了低因咖啡。
- 你的一天节奏合理,充满了有价值的活动。
- 今天午餐后,你用十分钟进行了冥想。
- 你的手机每小时会提醒你"放松和呼吸"——你也花一小会儿时间照做了。
- 你患有 1 型糖尿病,小心控制着血糖水平。

版本 2:

- 昨晚你躺在床上玩手机到凌晨三点,想睡觉却睡不着。因此喝了三杯酒醉倒了,但你的睡眠质量很差,醒来时还带着宿醉。

- 今天早上你太累了，不想快走，所以你躺在床上看 Netflix，到时间才意识到开车送孩子上学已经晚了。
- 你给自己安排了太多的事情，每件事都无法按时完成，还喝了好几大杯咖啡来提神。
- 你忘了吃午饭，甚至忘记休息一小会儿。
- 你几次都忘记检查胰岛素水平，直到它低到让你出汗和颤抖。
- 在漫长的一天结束后，你取消了和朋友的晚间聚餐，因为你太累了。

在两个版本中，焦虑怪兽的体验是不同的。在版本 1 里，你有一个更好的身心环境，会更平和、更愿意接受焦虑怪兽。相比版本 2，你能够更加专注于解决问题和应对当下的问题。

如果你是一只焦虑怪兽，你更愿意接受哪个版本？

为了给焦虑怪兽提供一个更好的身心环境，你可以采用其中哪些策略呢？

_____

_____

_____

_____

_____

_____

_____

结束与焦虑怪兽的战斗：放下肮脏的焦虑

> **佛陀的两支箭寓言**
>
> 你是一名正在战斗的勇士，向前冲锋时突然被箭射中，伤口的疼痛非常剧烈。你对这种痛苦的反应是诅咒自己的命运，你因为感到痛苦骂自己是废物和懦夫。另外，你将自己与还未受伤的战士比较，大喊："为什么是我？！"由于你的自我评判和自我谴责，除了被箭射中的痛苦，你还感到了新的痛苦。
>
> 第一支箭的痛苦是在战斗中受伤造成的正常、干净的不适，而你的反应造成的痛苦就像被第二支箭射中——只不过这支箭是你自己射出的。

事实上，人人都会经历焦虑，没有人可以逃避"干净的焦虑"（第一支箭）。当我们用对抗、谴责、批判焦虑怪兽来回应"干净的焦虑"时，"肮脏的焦虑"（第二支箭）就会出现。

毫无疑问，"干净的焦虑"也会带来不适，但会让人痛苦的是"肮脏的焦虑"。焦虑怪兽会通过在大脑和身体中嚎叫来保护我们，这在所难免，但是我们可以选择各种不会增加不适的方法来应对这种嚎叫。

当我们注意到"肮脏的焦虑"出现时，以下是应对它的四个步骤。

第一步：关闭"自动驾驶模式"，变得更加专注

如果焦虑怪兽咆哮时我们处于"自动驾驶模式"（译注：心理学家们借用它来形容我们的惯性思维和行为模式），我们会根据习惯和本能对它做出反应。因此，我们很可能陷入熟悉但无益的应对方式，比如：

- 回避。
- 依赖安全行为。
- 与焦虑的想法和感觉做斗争。

这些应对方式不仅会增加痛苦，还会继续训练焦虑怪兽相信焦虑是一种威胁，让焦虑无限循环。

我们还有一个选择。

与其逃避体验，遵循"自动驾驶模式"，不如专注当下。让痛苦成为警钟，提醒我们去适应当前的体验，而不是与之抗争。

就像一个不断尖叫的孩子的父母可能会把他们不断增加的挫折感当作一个信号，短暂地离开房间并数到十，我们也可以把焦虑怪兽的咆哮当作一种提示，这可以唤醒我们专注当下，让我们内心明智、慈悲的教练参与进来，再决定对焦虑做出何种反应才符合自己的最佳长期利益。

第二步：像过山车上的布娃娃那样

一旦我们开始专注当下，不要逃避情绪的过山车，而是选择放松，像毛绒布娃娃坐过山车时那样平静地躺着。这不是为了放松（放松可能会变成情绪回避），而是以一种更温和、更能接受的方法，与嚎叫的焦虑怪兽相处。

做身体扫描会有帮助

若意识到身体的任何部位正在与焦虑做斗争,我们可以有针对性地进行放松。

例如,观察自己的脚,看看是否有任何紧张或不安。如果观察到任何对抗焦虑的迹象,尽可能地让它放松下来。

接下来,观察小腿肌肉,让紧张感放松下来,为焦虑怪兽创造平和的环境。

观察大腿和臀部,释放紧张,让与焦虑的对抗尽可能减少。

观察你的大腿和臀部,释放紧张,让所有与焦虑的对抗尽可能减少。为你的焦虑怪兽创造一个宽松的空间,让它可以尽情咆哮。

观察腹部肌肉。它是紧绷的还是放松的?如果腹部紧绷,这是焦虑怪兽在对抗的迹象,它会导致呼吸不畅,可能会加剧焦虑。让腹部尽可能放松下来,让呼吸更顺畅。

接下来,观察双手、手指、手腕和前臂,尽可能地放松肌肉。

把注意力集中到上臂、二头肌、三头肌和肩膀。释放所有紧张感,用温和的慈悲心放下与焦虑的对抗。

观察胸部、背部和颈部。放下挣扎,为焦虑怪兽创造平和的释放空间。

最后,观察下巴、嘴巴、脸颊、眼睛、额头和头皮周围的肌肉,让紧张的情绪放松下来,放下与焦虑的对抗。

你注意到了什么？

_____
_____
_____
_____
_____
_____
_____
_____
_____
_____

做身体扫描时，我们可以让自己从繁忙的日程中休息片刻，找安静的地方放松一下，但不需要太过正式。

身体扫描通常非常迅速，只需要几秒钟的时间。向内扫描自己的身体，寻找对抗焦虑的身体部位。

有时，人们很难放下与焦虑的斗争。尽管他们认识到神经紧张只会让自己感觉更糟糕，但他们难以释怀。如果你发现自己很难放下，"机器人 vs 布娃娃"游戏会有所帮助。

当处于机器人模式时，你会同时绷紧身体的每一块肌肉（注意不要影响已经存在的肌肉骨骼问题），肌肉的紧张程度比平常高得多。假装你在大约十秒钟内变成了机器人，然后切换到布娃娃模式，让身体瘫在椅子上，仿佛身体是用柔软的棉花球做的。用十秒钟的时间来感受肌肉放松和绷紧时有多么不同。重复这个游戏，每十秒从机器人模式切换到布娃娃模式。

当你发现自己感到焦虑时身体肌肉会进入机器人模式，观察这一本能反应（这不是你的错）并提醒自己切换到布娃娃模式。你并不会在杂货店或开车时突然瘫在地上，使用任何需要的肌肉来继续你的活动。我还想提醒大家，不要用"布娃娃模式"来消除焦虑。释放焦虑时，我们不过是在创造一个更平和的环境，让焦虑怪兽知道一切都很好。

第三步：把情绪当作教育时机

当焦虑怪兽嚎叫时，它是清醒警觉的，准备学习新东西。因此，经历高度焦虑是训练自己成为焦虑怪兽的好教练的一次机会。

在这一刻，你有机会决定如何教导焦虑怪兽自己正在经历的情绪。那么，你想让焦虑怪兽学到什么？

如果你想让焦虑怪兽知道焦虑是一种威胁，那就把它当成威胁来对待，你可以自暴自弃、与焦虑对抗或者逃避它。

如果你想让焦虑怪兽知道焦虑不是一种威胁，那就把它当作安全来对待。这并不意味着你必须喜欢或享受焦虑，而是接受焦虑是生活的一部分，就像孩子的坏脾气、贪婪的政客或尴尬的初次约会。

这意味着接受一个人的一生伴随着焦虑，意味着尽管你能听到、感受到焦虑怪兽的嚎叫，但你仍会向着人生的重要目标前进，而不是陷入不舒服的情绪中。

第四步：采用接纳与承诺疗法，重新专注于自己的价值观

心理学的接纳与承诺疗法鼓励人们接受强烈的情绪，努力朝着符合自己价值观的生活方向迈进，不要逃避焦虑。

我们已经脱离了"自动驾驶模式",停止了与焦虑的斗争,教给了它一些有用的东西,是时候重新专注于对我们重要的事情了。例如,如果你感到焦虑:

- 在杂货店为你和你爱的人们挑选食材时,带上焦虑怪兽。
- 和朋友们外出时,对他们的生活表现出兴趣,重塑你们的友谊。
- 当你乘坐飞机经历严重的颠簸时,问问自己:如果焦虑怪兽睡着了,你都会做些什么?然后去做这些事情(比如看电影、和孩子一起玩等)。

寻找平衡

在慈悲聚焦疗法中,保罗·吉尔伯特博士提出了三种情绪调节系统[25]:

1. **威胁与自我保护系统**：专注于发现威胁，激励我们应对威胁。它源于史前时代，为了保护我们免受各种威胁进化而来。
2. **驱动与资源寻求系统**：激励我们获取资源。为了确保我们在资源匮乏的原始世界中拥有足够的食物和交配机会进化而来。
3. **抚慰与联结系统**：缓解痛苦，激励我们与他人建立联系。为了安抚为生存而挣扎了一整天的焦虑进化而来。

威胁与自我保护系统和驱动与资源寻求系统都不能让人安心。如果受到攻击，肾上腺素水平会上升。如果获得重大工作晋升或中了彩票，肾上腺素水平也会上升。从短期来看，如果你中了彩票，你会非常兴奋，但在相当长的一段时间内，你肯定不会感到平静。

与自己和他人具有慈悲心的互动会激活抚慰与联结系统。将焦虑怪兽视为困惑但善意的内心保镖，让我们能够以慈悲的心态看待内心体验并安抚困惑的焦虑怪兽（它保护我们免受一个它并不了解的世界的伤害）。

为了在这个时而危险的世界中生存，我们需要威胁与自我保护系统，也需要驱动与资源寻求系统来确保自己获得足够的资源。然而，我们还需要切换到抚慰与联结系统，让身体从肾上腺素的冲击中得到休息，与其他人建立更深入的联结。也就是说，我们需要在三者之间找到平衡。

可惜的是，在现代生活中，我们在威胁与自我保护系统和驱动与资源寻求系统（人们有越来越多的焦虑和欲望）上花费了太多时间，越来越少地关注抚慰与联结系统，难怪如今焦虑怪兽的咆哮声越来越大。

当我们认为焦虑是需要回避的威胁时，我们就会切换到威胁与自我保护系统。当我们把焦虑看作一个必须永久解决的问题时，我们就会切换到驱动与资源寻求系统。这两种情况只会进一步刺痛已经感到痛苦的焦虑怪兽。相反，若能把焦虑情绪纳入抚慰和联结系统中，我们对焦虑情绪就不再会那么苦恼。

第七章

训练焦虑怪兽
使用抑制性学习方法让暴露疗法发挥最佳效果

虽然你的焦虑怪兽有时可能是一个有故障的内在保护者,但它的重要职责之一就是强烈敦促你认真对待它发出的危险警告。它想教你应该远离哪些东西,应该遵循哪些安全措施。你的焦虑怪兽想要训练你成为更聪明的生存者。

然而,不管它的嚎叫声有多大,你都可以用更适当的方式应对焦虑,而不是逃避错误感知的威胁。

因为人脑中有高度发达的前额叶皮层,我们可以否决焦虑怪兽发出的命令。我们可以用适当的回应方式教导焦虑怪兽它的恐惧是不正确的。久而久之,我们能够教会焦虑怪兽它误以为是灾难的东西并不是真正的威胁。

提高心理的灵活度

著名心理学家、焦虑治疗大师史蒂文·C. 海斯(Steven C. Hayes)博士说,心理的不灵活是让拴着有故障的焦虑怪兽的人们无法过上丰富

且有意义的生活的原因。心理的不灵活包括盲目听从焦虑怪兽"防患于未然"的警告,因为不破坏现状更容易。

相反,心理的灵活包括当焦虑怪兽敦促你逃避某些事情(包括情绪)或者希望你采取安全措施时,停止自动驾驶模式(即惯性思维和行为模式),选择符合自己的价值观的行为。与其等待焦虑怪兽离开,不如邀请焦虑怪兽与你同行。

焦虑怪兽说	心理的不灵活	心理的灵活
待在安全的家里	在家玩电子游戏	和朋友吃午餐
乘坐飞机是危险的	避免去遥远的地方	预定你梦寐以求的旅行
细菌会杀了你！	避免和其他人在一起	给朋友一个大大的拥抱

你的焦虑怪兽是可教导的

人脑具有非凡的改变能力——我们的所做所学能改变大脑的结构。新的脑细胞会发育，这些细胞之间的连接会以无限种可能增长，这就是所谓的神经可塑性。

换句话说，即使你认为小丑、蜘蛛、在高处或坐飞机是危险的，你仍可以教会焦虑怪兽减少对这些事物的恐惧，你也可以在无意中让焦虑怪兽更加害怕它们。要么我们训练焦虑怪兽，要么焦虑怪兽训练我们！

焦虑怪兽会关注你对内部威胁因素（情绪、想法、感觉）和外部威胁因素（高处、蛇、纸袋）的反应。如果你按照焦虑怪兽说的去做，这就相当于焦虑怪兽训练了你。你的大脑未来会继续发出危险警告，也许会更强烈。

通过"教育时机"，你可以教会焦虑怪兽那些错误感知的危险不是真实的，久而久之，大脑中的神经连接也会改变，反映新的学习成果。结果就是，当旧的威胁在未来出现时，焦虑怪兽可能不再那么咄咄逼人。

暴露疗法

暴露疗法是一种面对恐惧的系统方法。它将你暴露在你害怕的事物面前，为你的焦虑怪兽提供学习的机会。暴露可以发生在你的想象中，现实生活中（身体内的），可以通过产生害怕的身体感觉（内部知觉的），或发生在近来出现的虚拟现实中。

不同焦虑症的治疗成功率在 70% 和 85% 之间波动。[26] 你的焦虑怪兽可以学会在过去引发焦虑的情境中安静下来。

针对不同焦虑怪兽的行为问题的暴露疗法的例子：

焦虑怪兽的行为问题	焦虑怪兽害怕	焦虑怪兽相信	给焦虑怪兽的教训	暴露疗法的例子（教育机会）
社交焦虑症	被拒绝	这很可能发生，而且令人无法忍受	遭到拒绝的可能性比预期低，如果真的发生也可以忍受	进入社交场合，练习不完美的社交

（续表）

焦虑怪兽的行为问题	焦虑怪兽害怕	焦虑怪兽相信	给焦虑怪兽的教训	暴露疗法的例子（教育机会）
恐慌症	恐慌发作	恐慌发作是危险的、令人无法忍受的	恐慌发作既不危险也不是紧急情况——你可以忍受	去与恐慌发作有关的地方，体验恐惧时的身体感觉
广场恐惧症	离开舒适区	你会有难以忍受的焦虑！	你可以忍受离开舒适区，没有坏事会发生	离开舒适区，体验恐惧时的身体感觉
健康焦虑症	不确定的身体感觉、关于疾病或死亡的想法和图像	你可能患有尚未确诊、危及生命的疾病，你无法忍受这种不确定性	关于疾病的想法、图像和不确定都是可以容忍的	想象自己患上了可怕的疾病，体验此时的身体感觉
创伤后应激障碍	关于过去创伤的想法、感觉或记忆	它们令人难以容忍，危险会再次发生！	你可以容忍这些不愉快的想法、感觉、记忆，你现在是安全的	暴露在创伤记忆中，暴露在与创伤经历有关的地方
强迫症	令人讨厌的想法或这些想法的触发因素	你无法容忍这些想法和不确定性，这些想法可能是真的！	这些想法只是大脑的噪声，你不需要因此采取行动	暴露于触发强迫症的想法和图像中，暴露于与你害怕发生的事情相关的人物、地点或物体中

（续表）

焦虑怪兽的行为问题	焦虑怪兽害怕	焦虑怪兽相信	给焦虑怪兽的教训	暴露疗法的例子（教育机会）
广泛性焦虑症	不确定性	不确定性是无法容忍的，可怕的事情可能会发生，而且是灾难性的！	不确定性不等于紧急情况	暴露于不确定的情况中，与不确定的感觉达成和解，不去追求确定性
特定恐惧	特定恐惧的触发因素	害怕发生的事情会变成现实！	没有灾难性的事情会发生，你能够容忍这些恐惧的触发因素	观看关于特定恐惧的视频，在虚拟现实和现实中面对特定恐惧

暴露疗法并非完美无缺。根据心理健康结果标准，70%至85%的成功率已经非常高了，但对15%至30%没有受益的人来说，暴露疗法并没有多少作用。在接受暴露疗法治疗并取得良好结果的患者中，超过一半的人会至少再经历一次恐惧症的复发。[27]

> 我有过这样的经历。
> 我一直训练我的焦虑怪兽"飞行是相当安全的"。多年来，我和焦虑怪兽一起飞行，经历了从"有危险！飞机要坠毁了！"到在飞机上安然入睡。

> 有一年我参加完会议返程,在坐飞机时经历了严重的颠簸。我的焦虑怪兽说:"嘿,这不是你告诉我的那种安全的飞行。这次不一样,我们要死了!"
>
> 那一瞬间,我又暂时恢复了自己的老习惯,紧紧抓住扶手寻找安慰。
>
> 这是一个错失的机会。
>
> 与其把这次经历作为新的教育时机("你看,我们能够容忍强烈的颠簸,并没有什么可怕的事情发生!"),我告诉焦虑怪兽"这确实很危险",并且它听进去了。
>
> 我的焦虑怪兽再一次相信飞行是生死攸关的大事。意识到自己的错误后,我在接下来一年的几次乘机经历中又教会了焦虑怪兽坐飞机不是紧急情况。

恐惧症的复发可能由以下几个因素引起[28]:

1. 时间推移

焦虑怪兽"防患于未然"的偏见,更有可能导致焦虑怪兽忘记某事是安全的,而不是忘记某事是危险的。如果你害怕蜘蛛,并且恰好一年里都没有看到任何蜘蛛,你的焦虑怪兽就会忘记自己被教导过"蜘蛛不是紧急情况"。

2. 在新的环境中遇见焦虑触发点

焦虑怪兽倾向于笼统地定义危险(你可能被一只可卡犬攻击过,这导致你现在害怕所有狗),或者根据特定的环境认知安全("我朋友的狮子狗安全，但其他狗不一定！"）。以下是一些例子：

- 如果你在一架大飞机上面对恐惧，你的焦虑可能在一架小飞机上被触发。
- 如果你能在工作中自如地公开演讲，当被邀请到孩子的学校演讲时，你的焦虑可能会被触发。
- 你的焦虑怪兽可能觉得，白天开本田是安全的，但晚上开其他车是危险的。
- 新的环境也可能是不同的身体状态，例如疲倦、生病、有压力、清醒或只是"感觉不舒服"。

> 在发表演讲前，我突然感到严重的眩晕，仿佛整个世界地动山摇。焦虑怪兽恳求我取消演讲，担心我被拒绝或感到丢脸。演讲时，我看到听众像暴风雨中颠簸的小船那样剧烈地前后摇晃。
>
> 事实证明，这是一个绝佳的教育时机，我安然无恙地度过了我经历过的最有挑战的演讲。

3. 再次经历创伤

通过暴露疗法，我们让焦虑怪兽了解到某些东西是安全的。但是有时，不幸的事情确实会再次发生。

你终于面对了自己对狗的恐惧，焦虑怪兽也知道了"狗是安全的"——结果你被一只愤怒的小吉娃娃狠狠地咬了一口。于是，焦虑怪兽说："我第一次的判断是对的！这种动物就是一种威胁！"

在被恋人欺骗后，你崩溃了，焦虑怪兽也知道了"另一半是不值得信任的"。你和你的下一个恋人一起渡过难关，焦虑怪兽终于再次学会信任别人。然后你回到家，发现你的恋人和你最好的朋友在床上！再次经历创伤会让你的焦虑怪兽重新警觉。

事实上，让焦虑怪兽再次警觉的消极事件甚至不一定与你最初的恐惧有关。也许你已经教会了焦虑怪兽"公开演讲是安全的"，但假设你正在上课时，一场野蛮的打斗在教室后面爆发了，你不得不制止他们，并且在这个过程中被攻击了。那么你的焦虑怪兽可能会再次警告你"公开演讲是危险的"。

焦虑怪兽永远不会真正忘记

焦虑怪兽可以学到很多东西，但它们永远无法忘记恐惧。正如心理学家史蒂文·C. 海斯所说，人类的神经系统中没有"删除键"，你只能往其中增加信息。当你有深深的恐惧时，你的大脑中会一直存在这样的神经通路。

乍一听，这可能十分可怕。不过，了解这一点可以减轻你争取不可能实现的目标（比如摆脱焦虑）的压力。如果你正在应对焦虑症或强迫症，不必相信只有完全治愈（杀死焦虑怪兽！）才会成功。在科学找到一种方法来精确定位并根除你的大脑中的某条神经通路之前（总共约有100万亿条神经通路），你可以学会充分利用不完美的焦虑怪兽。

你可以尽自己所能训练焦虑怪兽，如果恐惧再次出现，就再次训练它。人类的大脑是不完美的，如果恐惧或恐惧症来袭，不要感到自责。你无法选择也很难控制恐惧，但你可以学习如何充分利用它。你可以学习一种更有效地训练焦虑怪兽的策略。

抑制性学习：较强的学习会抑制较弱的学习

抑制性学习与相互竞争的大脑通路有关，包括告诉我们某事是安全的通路和警告我们某事是危险的通路。[29] 由于目前还没有技术能消除危险通路，我们必须建立更新、更强的大脑通路来告诉自己：我们是安全的。

假设你害怕狗。有一天，你去朋友西尔维奥的公寓，发现他刚刚收养了一只可爱的小狮子狗（尽管你的焦虑怪兽最初看到的是一只邪恶的毛茸茸的怪物）。你选择的应对方式会对你的大脑产生不同的影响。

你可以选择将这次经历作为训练焦虑怪兽的一个机会，并在接下来的几个小时里让小狗赢得你的心，加强大脑的安全通路学习。或者，你可以一看到狗就逃回家，加强危险通路学习。无论如何，焦虑怪兽都会从这次经历中学到一些东西。看到狗时，你有以下选择：

- 你可以表现得好像它是安全的，同时加强安全通路学习。
- 你可以表现得好像它是一种威胁，同时加强危险通路学习。

较强的通路会抑制较弱的通路。

抑制性学习模型的目标是加强安全通路学习以抑制危险通路学习，减少恐惧的复发。改变焦虑怪兽永远不嫌晚！好消息是，哪怕你已经强化了危险通路数年或数十年，你仍可以改变自己应对恐惧情境的反应，并开始创建和加强安全通路。

当焦虑怪兽认为某件事很危险的时候，触发恐惧的事物的每一次出现都是一次改变的机会。我们的应对方式将强化安全通路或危险通路，前者将安抚焦虑怪兽，后者将导致焦虑怪兽保持恐惧。

制订焦虑怪兽的训练计划

通过为焦虑怪兽制订训练计划，我们可以教导它，它误以为是威胁的东西并不构成现实的危险，久而久之，它会对那些"好像有威胁"的情况不再有如此激烈的反应。换句话说，一旦大脑在之前引发焦虑的情境中反复体验到安全，我们就不会那么焦虑了。

在下面的步骤中，你会看到克拉拉是如何训练她的焦虑怪兽在某些情境下表现得更好的。请记住，我们的目标不是完全消除焦虑，而是训练焦虑怪兽在特定情况下做出更好的反应。不必尽善尽美，只要你能从焦虑怪兽对你生活的任何限制中解脱出来即可。

> 克拉拉过去一直在美国学习。这是她梦寐以求的，她的第一年过得很顺利。就在她快进入第二年前，她开始经历强烈的恐慌发作，她的焦虑怪兽对此感到非常害怕。
>
> 你要晕过去了！
>
> 你会疯掉的！
>
> 你会心脏衰竭的！
>
> 你受不了了！
>
> 她开始不去上课，也不去任何她必须待在原地不动的地方。如果你出不去了怎么办？

> 她开始避免独自去其他地方。当她需要离开家买东西时,她会和男朋友或同学一起。你必须有人随时陪着你,以防恐慌发作!
>
> 她在美国学习的梦想成了她的噩梦。更糟糕的是,签证快到期了,她必须回国。这将是一次长达 12 小时的飞行!绝对不行!!!
>
> 她一生中从来没有像现在这样完全陷入谷底。

第一步:设定目标

你想教会焦虑怪兽什么呢?首先,你需要明白现实情况是什么。在理想情况下,你可以训练焦虑怪兽只在有威胁时——或者在需要肾上腺素的刺激来完成具有挑战性的任务时(比如激励你备战期末考试)嚎叫。

现实情况是没有人能够训练焦虑怪兽达到完美的标准。我们可以训练焦虑怪兽变得更好,但训练它变得完美是不现实的。假设你领养了一只狗,你可以教会这只狗很多东西,比如不要跳到餐桌上吃晚餐。但无论你是一位多么优秀的驯狗师,你的训练内容都是有限的。你不可能教会你的狗坐在餐桌旁礼貌地用刀叉进餐。

针对某个特定的、被误解的焦虑触发因素,我们可以教会大多数焦虑怪兽:

- 你感受到的焦虑并不是紧急情况。
- 尽管可能不愉快,但焦虑是可以忍受的。
- 焦虑怪兽担忧的"灾难性"后果不太可能发生。

- 即使感到焦虑,你也可以朝着生活中有价值的方向前进。

把目标设定为不再焦虑是不现实的。哪怕这有可能,让焦虑怪兽离开你,自己照顾自己,也是有害的。

> **克拉拉的目标**
>
> 我想教会焦虑怪兽:
>
> ・恐慌发作不是紧急情况。
>
> ・恐慌发作不会让我昏厥、"发疯"或"心脏病发作"。
>
> ・我能够忍受恐慌发作。
>
> ・我会感到恐慌,但仍会继续做那些对我来说重要的事情。

你的现实目标是什么?你想教会焦虑怪兽什么?

_____

_____

_____

_____

_____

_____

_____

_____

第二步:创建暴露清单

暴露清单列出了各种引发恐惧的事情,或者你认为可能会引发恐惧的事情。

拿出你之前列的那份所有焦虑触发因素的清单——包括内在因素和外在因素，再加上你认为可能让你的焦虑怪兽嚎叫的事情，你就创建了一份暴露清单。请记住，焦虑的触发因素可能是由想象引发的特定身体感觉，也可能来自虚拟现实情境和现实生活。

列出一系列教育时机，在清单上的每一项上标注"你认为焦虑怪兽会嚎叫得多大声？"，用 1—10 表示焦虑的程度。

1—4 是焦虑怪兽的轻度嚎叫。
5—7 是焦虑怪兽的中度嚎叫。
8—10 是焦虑怪兽的大声嚎叫。

这份清单可能包括一些让人感觉危险或者不好的事情。有这种感觉是因为大脑在某种程度上认为它们是威胁，甚至一想到要做这些事，大脑就会发出危险的警报。但这些事是许多人在不经意间会做的吗？如果是，应当考虑把它们也列入清单中。

例如，倘若焦虑怪兽觉得细菌具有威胁性，触摸鞋底或使用公共厕所的马桶冲水器可能听起来非常危险——但这也是大多数人会做的事。当焦虑怪兽害怕某件事时，它会让你想太多并且强烈地想要回避这件事。

需要说明的是，明显危险的事不应该出现在清单上，例如一边开车一边发短信或不带降落伞跳伞。

比尔示范进行暴露疗法的错误方式

以下是克拉拉的暴露清单：

事项	克拉拉认为她的焦虑怪兽会嚎叫得多大声（1—10）
在街区散步	3
步行去学校	6
穿过学校	6
喝一杯含咖啡因的茶	4
喝一杯含咖啡因的咖啡	7
快速、用力地呼吸三十秒	4
快速、用力地呼吸一分钟	9
穿领子紧的衬衫	7
用狭窄的吸管呼吸两分钟	6
在虚拟现实中坐过山车	6
自带午餐在学校里吃	5

（续表）

事项	克拉拉认为她的焦虑怪兽会嚎叫得多大声（1—10）
在学校食堂吃午餐	7
课前十分钟在教室里闲逛	4
待在教室里	9
开车去商店，在停车场坐五分钟	3
进入一家商店五分钟，然后离开	5
在商店里逛五分钟，然后买一件商品	7
待在杂货店，挑选购物清单上的每一件商品	9
远足一小时	7
去朋友的公寓吃晚餐	4
和朋友去餐厅吃饭	7
去电影院看电影	8
乘坐公共汽车	6
短途飞机旅程	9
返回德国的飞机旅程	10

创建你的暴露清单:

事项	你认为你的焦虑怪兽会嚎叫得多大声（1—10）

（续表）

事项	你认为你的焦虑怪兽会嚎叫得多大声（1—10）

第三步：选择其中一项

大多数人第一次都会选择比较温和的事项。我们可以考虑利用第一次暴露来练习为焦虑怪兽创造有效的教育时机。

至于之后的暴露，请记住，随机每次暴露的挑战难度可能比简单地逐步提高挑战级别更有效。[30] 有时你可以选择较温和的挑战，有时你可以选择较困难的挑战。生活经常以不可预测的方式向我们提出挑战，因此在教育时机中增加一些可变因素更符合现实情况。

> 克拉拉的第一次暴露是：在街区散步。

你的第一次暴露是什么？

_____

_____

_____

_____

_____

_____

_____

第四步：找到令你担忧的负面结果

选择一个暴露事项后，问自己以下几个问题：

1. 如果你与内在或外在的触发因素"面对面"，焦虑怪兽会害怕发生什么?
2. 焦虑怪兽认为这种情况发生的可能性有多大?(0 = 绝对不会发生,5 = 可能会发生,10 = 肯定会发生)
3. 焦虑怪兽预测这次经历的可容忍程度是?(0 = 完全可以忍受,5 = 中度无法忍受,10 = 完全无法忍受)

注意:不要把"感到焦虑"作为自己害怕出现的结果。你会感到更加焦虑,这是必然的。你是在有意识地唤醒焦虑怪兽,教给它一些新的东西。

克拉拉担忧的负面结果

害怕的结果:我会恐慌发作,再也回不了家。

这种情况发生的可能性有多大? 4分(满分10分)。

针对这种暴露,能容忍到什么程度? 6分(满分10分)。

你担忧的负面结果是什么?

你害怕的结果是:

_____

_____

_____

_____

_____

这种情况发生的可能性有多大? ___(满分10分)。

你能容忍到什么程度? ___(满分10分)。

第五步：测试

当面对恐惧时，你是在测试引发焦虑的因素。假设你自己现在是一名科学家，正在和焦虑怪兽一起进行实验。

在规定的时间内，直面你的恐惧。与其抗争，不如敞开心扉接受它。专注地观察和感受焦虑怪兽在大脑和身体里嚎叫时的感觉，抵制任何心理检查的冲动，尽量不要批判或谴责你的经历。

就像如果上课不专心，那么什么也学不到，暴露疗法也是同理——请把自己的经历当作宝贵的学习机会。

> **克拉拉的第一次暴露**
>
> 我感到焦虑。我的焦虑怪兽告诉我应该待在家里，我也想待在家里，但我选择继续。我的心率在加快，手心在出汗。我有一种冲动很想快点结束这一切，但我会慢慢来。

现在轮到你面对恐惧了，这是为了教会你的焦虑怪兽这并不是真正的威胁。面对恐惧会让你觉得很有挑战性，但记住，你正在向一个有更好表现的内心伙伴的未来迈出一大步。

观察第一次暴露时的体验。你有什么感觉？焦虑怪兽发出了什么噪声？

第六步：暴露后需要回答的问题

在完成暴露后，克制住想要庆祝的冲动，转变思维并将注意力转移到别的事情上。关注实验的结果，具体发生了什么？

> **克拉拉暴露后需要回答的问题**
>
> 在街区散步。
>
> 发生了什么？我出发之前很紧张。我想待在家里，但我能督促自己在街区周围散步。
>
> 焦虑怪兽害怕的结果出现了吗？没有。
>
> 你能忍受这种经历吗？能。
>
> 这段经历教会了焦虑怪兽和你什么？虽然心里很不舒服，但我能忍受在街区里走动。尽管之前我以为自己回不来了，但最终我还是回来了！

暴露后，请回答下列问题：

1. 发生了什么？

2. 焦虑怪兽害怕的结果出现了吗？是或否。
3. 你能忍受这种经历吗？是或否。
4. 这段经历教会了焦虑怪兽和你什么？

创造更强大的教育时机

米歇尔·克拉斯克博士（Dr Michelle Craske）是焦虑症的主要研究者之一。她研究了如何使用抑制性学习原则优化焦虑兽的训练，以达到以下目的：

- 提高治疗成功率。

- 减少治疗后恐惧的复发。

以下是旨在提高焦虑怪兽学习能力的抑制性学习策略[31]：

摒弃安全行为

安全行为是我们在面对恐惧时为了"保持安全"做的事，它们是焦虑怪兽说服我们绝对必须做的事情——否则就会大难临头！

焦虑怪兽试图让我们做的安全行为涵盖了非常多种类型。

焦虑怪兽害怕	焦虑怪兽可能敦促我们采取的安全行为
被拒绝	穿着打扮和行为举止都"完美无缺"，希望讨好他人
恐慌发作	随身携带水瓶、抗焦虑药物、手机
独自一人	和"安全的人"待在一起
身患重病	强迫性地反复去看医生寻求安慰，检查血压
创伤性记忆	用物质麻痹自己，代之以更愉快的想法
污染	强迫性地清洁和洗手
阴暗的想法	分析想法的意义，寻求安慰
不确定性	检查再检查，过度准备
坐飞机	抓紧扶手，留意飞机上的每一个颠簸和噪声

如果你想让焦虑怪兽知道这些情况并不危险，你需要摒弃所有焦虑怪兽希望你做的安全行为。严格地说，这不是"暴露疗法"，而是"暴露与反应预防疗法"。也就是在面对"错误感知的威胁"时，练习不去做焦虑怪兽误以为的有必要的安全行为。

> **克拉拉的安全行为**
>
> 当我走在街上时，焦虑怪兽希望我：
>
> 带上男朋友。
>
> 带上智能手机。
>
> 带上抗焦虑药。
>
> 带上水瓶。
>
> 我会练习不去做这些事情，这样焦虑怪兽就能更有效地学习！

在暴露疗法的过程中，你可以摒弃哪些安全行为？

_____

_____

_____

_____

_____

_____

_____

_____

_____

_____

_____

_____

证明焦虑怪兽是错的（期望违背）

当你的恐惧被证明是错误的时候，这是教育你的焦虑怪兽（和你）的绝佳时机。假设焦虑怪兽认为"社交不完美"是一种威胁，你可以穿两只不同的鞋子作为"社交不完美"暴露的挑战，这也是一个教育时机。你以为焦虑怪兽会因为引起负面关注而嚎叫。

接着，在接受挑战时带上焦虑怪兽。让焦虑怪兽惊讶的是：什么都没发生，根本没人在乎！

正是焦虑怪兽预测的情况和实际发生的情况之间的差异教会了焦虑怪兽："社交不完美"并不是可怕的威胁。

冒点险是值得的。

挑战	恐惧想法	实际发生的事情
摸垃圾桶内侧五分钟	无法忍受，可能会染上可怕的疾病。	令人觉得恶心，但也不是无法忍受，并不会染上可怕的疾病。
与迈克出去约会	他会嘲笑我，我永远不会忘记。	他拒绝了我，但这并不可怕。我还会有下一次约会！
喝一大杯咖啡	我无法忍受我的焦虑！	我整个上午都感到紧张不安，但还是能顺其自然。
乘坐飞机	我无法忍受，飞机将会坠毁！	我不喜欢颠簸，但我能够应对这种情况，飞机也没有坠毁。

记住，生活中总会有不愉快的事情发生。人们时不时地会遭到拒绝，会不小心得感冒甚至流感。飞机也确实会遇到严重的颠簸。

问题不在于不愉快的事情是否会发生，而在于情况是否如焦虑怪兽预测的那样无法忍受。

改变可变因素

你可以改变自己想要面对的曝光类型。

焦虑怪兽能够迅速地了解各种危险——比如假设你被狗咬了，那么所有毛茸茸的小动物都会让你的焦虑怪兽紧张起来。从另一方面来看，焦虑怪兽会基于特定情况（情境），更谨慎地了解什么是安全。

假设你害怕狗，你来我的办公室和我的狗狗瓦利接触，接受暴露治疗。你的焦虑怪兽只会学到：

哦，我现在明白了！狗是绝对安全的，只要……

1. 是那只叫瓦利的狗狗……
2. 和心理治疗师古德曼医生在一起……
3. 在他的办公室里……
4. 在傍晚时分……
5. 在五十分钟以内……

焦虑怪兽可能会设置更极端的条件……

6. 只要我睡了一夜好觉……
7. 并且我的另一半开车送我去接受治疗……
8. 并且当我摸狗的时候，古德曼医生和我说话……
9. 并且我感觉很自信。

焦虑怪兽这样做并不是为了为难你，而是因为"过于谨慎"的心态比"过于乐观"的心态更能让我们的祖先适应当时的环境。

那么，有哪些类型的可变因素呢？

首先，改变暴露时的情境。能刺激焦虑怪兽反应的时刻都是教育时机。假设你害怕小丑，那么你可以看不同类型的小丑的图片，看电视上的小丑，去马戏团，或者把你的伴侣打扮成小丑 Bozo（并向他/她保证这只是为了治疗）。

其次，改变暴露的时间长度。也许第一天只和狗狗出去玩几分钟，第二天则是十五分钟。问问自己，焦虑怪兽认为你今天能挑战多长时间呢？然后，设定一个比这更长的时间。

另外，改变暴露的时间。有时在早晨，有时在晚上。有时在周中，有时在放松的周末。

改变暴露的地点也有利于加深安全学习。你不仅可以在我的办公室和狗狗互动，还可以在邻居的家里，甚至在狗狗公园里。

最后，你可以在不同的个人状态下去练习曝光。有时在晚上睡个好觉后，有时在睡不好的时候。有时在度过了美好的一天后，有时在度过了糟糕的一天后，有时在感觉身体不舒服的时候。这些都将是绝佳的教育时机。

克拉拉的可变因素

我将改变的可变因素包括：

在一天的不同时间散步。

在不同的天气和温度下散步。

改变走路的速度，有时更快，有时更慢。

在觉得疲倦或不舒服的时候去散步。

在暴露清单上的每一个事项后列出各种可变因素：

_____
_____
_____
_____
_____
_____
_____
_____

结合暴露清单上的事项

进行多次不同类型的暴露，能够促进焦虑怪兽学得更多。当我们把这些暴露类型结合起来时，焦虑怪兽的学习就会更有效果，以下是一些例子：

恐惧	暴露目标一	暴露目标二	结合两个目标
被鲨鱼咬	想象和鲨鱼一起游泳	在海里游泳	一边想象鲨鱼，一边在海里游泳
因恐慌发作而死亡	去购物中心（恐慌发作的地方）	在家喝含咖啡因的咖啡	在购物中心喝咖啡
传染他人	想象自己传染了他人	去杂货店触摸农产品	一边触摸农产品，一边想象自己污染了它

（续表）

恐惧	暴露目标一	暴露目标二	结合两个目标
害怕伤害他人（讨厌的侵入性想法）	拿着一把锋利的刀坐着	想象伤害了自己在乎的人	当伴侣坐在自己身边时，用一把大刀切菜
恐慌发作	通过深呼吸带来类似的感觉	在拥挤的购物中心散步	深呼吸并且在拥挤的商场里走一圈
创伤性记忆	暴露在车祸的记忆中	站在事故发生的十字路口	站在事故发生的十字路口回忆车祸
社会排斥	向店员问路	在信任的人面前穿得不完美（比如把衬衫穿反了）	当自己穿得不完美的时候向店员问路

克拉拉的暴露组合

在第一个挑战中，我绕着街区走。

在第二个挑战中，我喝了一大杯含咖啡因的茶。

在第三个挑战中，我喝了一大杯茶，半小时后，我绕着街区走了一圈。

在暴露清单上，你可以分别挑战哪两件事，并且在焦虑怪兽训练计划中将两者结合起来呢？是否还有更高级的组合是你以后可以做的呢？

_____

_____

_____

把负面结果当作一件好事

面对恐惧时,即使你可能知道负面结果发生的可能性比焦虑怪兽预测的小得多,负面结果有时还是会出现。在这种情况下,你可以把负面结果视为一个学习机会,一个不如意的结果并不是焦虑怪兽预测的"灾难性"结果。

例如,对社交恐惧症患者来说,每隔一段时间接受一次拒绝,意识到自己可以忍受它并且它也没有那么糟糕,有助于患者在社交场合不再那么紧张。下次,当杂货店的收银员对你很粗鲁时,提醒自己这是一个教育焦虑怪兽的绝佳时机!

如果恐慌发作的可能性让焦虑怪兽感到害怕,那就偶尔找机会经历一次恐慌发作。这可以帮助焦虑怪兽记住恐慌发作并不是无法忍受、折磨人的经历——它们只是让人感觉不适。你可以选择乘坐过山车、去万圣节鬼屋或喝一大杯咖啡来引发恐慌。

比如,当我在飞机上遇到气流时,我就有机会再次向焦虑怪兽强调:"飞行期间的颠簸是可以忍受的。"平稳的飞行体验无法带来这样的学习机会。

这种策略显然不适用于所有的恐惧,例如,造成重病或死亡就不是我们追求的目标。在测试焦虑怪兽之前,先问问自己,你的恐惧是否允许偶尔出现负面结果呢?这样你就可以提醒焦虑怪兽负面结果是可以忍受的,并非灾难。

> **克拉拉的负面结果**
>
> 在暴露疗法期间,我偶尔会感到恐慌,这是我最害怕的事情。但每次恐慌发作都让我有机会练习坦然面对恐惧,而不是与之对抗。日久年深,我懂得了尽管会有不愉快发生,但我可以忍受焦虑的存在,当我不与它们斗争时,焦虑很快就消失了。我明白了自己可以应对焦虑,焦虑也不那么具有威胁性了。

哪些"负面结果"是你可以容忍的呢?也许你可以为了进一步加深焦虑怪兽的学习去寻找其他负面结果?

_____
_____
_____
_____
_____
_____
_____
_____

增加教育时机,帮助焦虑怪兽成为终身学习者

安全学习(教会焦虑怪兽某种东西是相当安全的)与学习其他东西是一个道理。如果你在考试前一天前临时抱佛脚,你可以在这段死记

硬背的学习时间里学到很多知识，但日久年深，你很可能会忘记很多知识。如果你在整个过程中持之以恒地学习，更有可能记住所学知识。

另外，在课程结束后，你还要定期复习学习材料，巩固所学知识——一次又一次地刺激脑中的神经通路。

即使焦虑怪兽学会了你想让它学的东西，你仍然需要定期为它创造教育时机。如果焦虑怪兽警告你公开演讲的危险，即使你已经经历了重要的工作汇报并且对公开演讲没那么感到害怕了，你仍然需要继续寻找公开演讲的机会（至少每隔一段时间），这是为了再次提醒焦虑怪兽"你真的可以做到"。除了教育时机，你还需要定期回忆过去的训练结果。例如，你可以看一张自己演讲时的照片——当你终于鼓起勇气向焦虑怪兽证明你可以公开演讲并完整地讲述故事时，回忆自己学到了什么："我很害怕，但我还是走上了舞台，我能够忍受这种心理上的不适，没有灾难性事件发生。"

> **克拉拉**
>
> 现在我已经回到了祖国，我继续定期挑战自己。我定期旅行，乘坐飞机、火车、公共汽车。偶尔我会喝含咖啡因的饮料（比如茶和咖啡），也参加音乐会和节日活动。不仅因为我喜欢这些活动，还因为它们不断提醒我人群是可以忍受的。偶尔，我会过量摄入咖啡因，在早上变得紧张不安，但这也只是为了不断向自己证明："我能好好应对。"

这么多年来，你是如何坚持训练焦虑怪兽的呢？

关于暴露疗法的更多提示

1. 记住，在暴露过程中感到焦虑是一件好事，这表示焦虑怪兽很清醒，正集中注意力准备学习。
2. 专注于教会焦虑怪兽一些新事物，而不是让自己在当下感觉良好。
3. 记住，一分耕耘一分收获。坚持暴露疗法，让效果达到最佳。
4. 坚持暴露疗法时，要奖励自己。经年累月，受到奖励的行为往往会增加。
5. 除了计划中的暴露，还要充分利用任何意外暴露的机会。比如，你可以寻找公开演讲的机会，但如果有其他机会突然出现，也要抓住时机去尝试。
6. 像过山车上的布娃娃那样放松。与其紧张不安地练习，不如让自己放松下来，心甘情愿地投入到体验中去。
7. 如果设定的挑战太困难，与其放弃，不如找一个自己更能够接受的挑战。灵活的勇气是关键。
8. 在暴露疗法的训练过程中，将心态转变为"慈悲的教练"。记住，你是来帮助困惑的焦虑怪兽学习新知识，让它成为更好的内在伙伴的。
9. 通过提醒自己"为什么面对恐惧"来保持动力。你正在寻找不适，这样你就可以训练焦虑怪兽在未来成为一个更好的内心伙伴。

然后评估自己的进步。当面对相同或相似的触发情境时，焦虑怪兽嚎叫的频率和强度是否降低了？当焦虑怪兽嚎叫时，你是否能够更灵活地应对呢？除了逃避体验和回避这种情况，你能教会焦虑怪兽一些有用的东西吗？

第八章

与内心的焦虑伙伴同行的人生之路
你想朝哪个方向前进？

和大多数人一样，在某些时候，你可能认为焦虑怪兽十恶不赦，你讨厌它，抗拒它，尽可能地逃避它。尽管如此，焦虑怪兽仍然是你不完美却忠实的保护者。

现在，你已经知道焦虑是生活的一部分，焦虑对大多数人而言在所难免。如果让焦虑来发号施令，它可能会过度保护你，这是它的职责。

如果你想在事业上有所发展，它可能会说："别瞎折腾！保持现状就好。"

如果你想拓宽社交生活，它可能会尖叫："你可能会被拒绝的！待在家里看 Netflix 才是 100% 零风险！"

如果你想去长途旅行，它可能会嚎叫："如果在飞机上恐慌发作怎么办？最好不要冒险！"

但是，如果发号施令的是你自己，生活就会向你敞开大门。如果你想要获得职业发展、拓宽社交生活或者去长途旅行，决定朝这些方向前进的人是你自己——代价是焦虑怪兽会嚎叫一会儿。

焦虑怪兽——你过分热心的保镖,执意保护你不受任何你觉得重要的事物的伤害。在它看来,如果一件事对你来说很重要,失去"它"就像一种威胁。比如,如果你从未爱过,你就没有爱可以失去。

与其让焦虑限制你的生活,你可以一步一步向前,迈向更充实的生活。

那么,问题是:"你想朝哪个方向前进?"

让价值观成为你的向导

当你焦虑不安,不知道人生该何去何从时,你可以让价值观成为迷雾中的灯塔,指引你走向美好的生活。但你可能会问:"我的价值观是什么?"

接纳与承诺疗法的先驱之一拉斯·哈里斯博士(Dr Russ Harris)认为,价值观代表着你想成为什么样的人,你想要什么样的生活,以及你希望如何与周围的世界建立联系。[32]

价值观不同于目标:价值观是指引你前进的方向,而目标是具体的目的地。

价值观的例子	目标的例子
联结	给姐妹打电话,结婚,陪伴孩子
冒险	去西班牙旅行,攀岩,加入新的社交团体
生活的平衡	在工作间隙去散步,报名参加瑜伽,一周有几天的晚上都待在家里
灵性生活	加入教会,阅读宗教书籍,冥想

| 创造力 | 写书，画画，在工作中开发新的归档系统 |
| 个人成长 | 参加课程，阅读自我疗愈书籍，静修 |

价值观是永无止境的前进方向。你可以在一生中朝着这些方向不断前进。而目标是停靠点，你需要不断地调整自己，朝着新的方向前进。例如，如果你重视善良，你可以找到甚至更善良的新方式来体现这种价值。如果你的目标是给需要帮助的朋友打电话，一旦通话结束，你就可以回顾自己的价值观来决定下一步该怎么做。

价值观练习可以帮助你发现对自己真正重要的东西是什么。

价值观练习 1：祝贺你！你获得了终身成就奖。这个奖项是为了表彰迄今为止你在生活中做过的所有好事。某位赫赫有名的人物将在热情的观众面前展示你的生活，他的演讲概括了你认为最能代表你的品质。闭上眼睛，想象这场激情四射的演讲。

哪些品质最能代表你是什么样的人，以及你希望成为什么样的人？

_____

_____

_____

_____

_____

_____

_____

价值观练习 2：这是很多年后的事了。你漫长、丰富、有意义的一生终于画上了句号。葬礼仪式已经结束,你的家里聚集着认识你的人和爱你的人。当他们坐在一起回忆你的时候,他们会谈起哪些富有爱心和同情心的事呢?他们会如何提起你,又会如何回忆你的一生呢?

如果你从现在开始过上了绝对理想的生活,你希望人们如何记住你?

_____

_____

_____

_____

_____

_____

_____

价值观练习 3:在练习 1 和 2 的基础上,哪些主题描述了你希望在这个世界上如何生活,如何与他人和自己相处?

_____

_____

_____

_____

_____

_____

致力于采取行动

既然已经确定了人生的大致方向,现在你需要制定具体目标并开始笃定前行。

记住,目标是你有能力独立实现的事情。如果友谊是你的价值观之一,你可以给一个很久没联系的老朋友打电话。或者,你可以上网找一些有趣的社交活动,选择参加其中一些并向三个陌生人介绍自己。

这需要你心甘情愿让生活更多地建立在对自己有意义的事物上,而不是被焦虑怪兽的嚎叫限制。这需要你时时刻刻、日复一日地去践行。

为了让自己过上更好的生活,今天你会做什么事?

你愿意笃定前行并带上焦虑怪兽吗?在前进的道路上,你愿意让焦虑怪兽接受积极的教育时机吗?

新的开始

在你和焦虑斗争或逃避焦虑的所有时间里,焦虑怪兽都没有恶意。从过去到现在,它只是想保护你。

为过去的逃避行为指责自己是没有意义的,你已经尽力利用当时掌握的信息了。今天又是新的一天,你可以做出不同的选择,让生活朝着完全不同的方向发展。一切都已经被原谅了。

作为拥有有故障的焦虑系统的人类,挑战仍会猝不及防地出现,你仍可能忍不住憎恨焦虑怪兽。

你甚至可能会屈服于与焦虑针锋相对的冲动，在这种时候，痛苦的感觉又会卷土重来。与其反躬自责，不如拍拍自己的背，鼓励自己。你意识到自己陷入了一种不适应的模式并且意识到了这一事实，这说明你可以不加评判地关闭"自动驾驶"模式，慢慢回到"好教练"模式。你可以帮助自己重新专注于让人生变得更好的事情。

这是一种与你的焦虑怪兽紧密相连的生活。

致 谢

一般来说，临床医师的职责不是为作为一门科学的心理学做出贡献，本书包含的所有科学知识都不是我的功劳。因此，我要特别感谢研究人员，他们肩负着开发循证工具（暴露疗法、认知重估、认知脱钩、慈悲正念训练等）的枯燥任务，让像我这样的临床医师能够用这些工具帮助人们提升幸福、减少痛苦。

影响我写书思路的研究人员包括亚伦·贝克博士（认知行为疗法）、史蒂文·海斯博士（接纳和承诺疗法）、米歇尔·克拉斯克博士（应用于焦虑症和强迫症的抑制性学习原理）和保罗·吉尔伯特博士（慈悲聚焦疗法）。如果没有他们严谨的科学研究，我将只能使用基于理论的方法，而不是基于证据的实践。感谢他们撰写拨款申请书，设计实验方案，处理成千上万的细节，推动了心理学的进步。

虽然临床医师通常不能为心理学科学做出贡献，但我们的任务是为心理学艺术做出贡献。心理学艺术包括临床医师如何使用标准化研究的结果，创造性地将它们应用于现实世界的复杂性中。科学是相同的，但不同临床医师的治疗方法（包括故事、隐喻和练习）差别很大。

治疗焦虑症和强迫症的艺术通常是将焦虑拟人化为对抗对象——需要克服、治愈或击败的人或事。使用这些隐喻的目的是让人调动内在资源来对抗焦虑，不畏艰险地进入之前回避的领域（而不是深陷经验性回避的诱惑中）。在我职业生涯的大部分时间里，我一直用视焦虑为对抗对象的语言来对抗焦虑，但在从保罗·吉尔伯特博士那里学习了慈悲聚焦疗法后，我开始从不同（而且我个人认为更准确）的角度来看待焦虑。

不过，是一位特殊的患者促使了焦虑怪兽的出现。他当时在和恐慌症做激烈的心理斗争，在治疗中，我们把焦虑比作"一个试图打败他的竞争者"。我注意到这位患者在对抗焦虑时下巴肌肉发紧。尽管这对他来说是一个进步（他不再因为焦虑逃避某些情况），他仍然和自己内心的对手生活在一起。他把控着一切，但仍然觉得自己被内心的那个怪物嘲弄。这让他（和我）很不舒服。有些事情必须要改变。

这位患者是第一响应者，他有"帮助他人"的信念。我们将焦虑重新定义为一个困惑的四岁孩子，这个孩子受到了惊吓，需要他的帮助来了解某些情况并非紧急情况（比如去杂货店）。结果，他的下巴肌肉放松下来，他温柔的慈悲心显现出来。他带着那个"可以被培养和教导、但有时过分热情的四岁孩子"继续他的生活，不再视其为内心的敌人。我要感谢这位患者给了我关于焦虑怪兽的灵感。从那以后，许多患者都对这种方法做出了积极的反馈，激励我将这种好方法记录下来。

我还要感谢家人对我的支持：富有慈悲心的母亲、务实的父亲，以及我的妻子安雅·古德曼——感谢她坚定不移的支持。还有我的孩子们，亚历克斯、杰西和拉娜，感谢他们做自己，让一切都变得有意义。我还要感谢本书的插画师路易斯·加德纳，是她把焦虑怪兽的概念用视觉呈现出来。她不仅是一位才华横溢的艺术家，还对书中的心理健康知识感兴趣并有所了解，和她一起设计插图是莫大的乐趣。

我还要感谢读者鲍勃·阿克曼（Bob Ackerman）、埃伦·皮特洛斯基（Ellen Pitrowski）和金·罗克韦尔-埃文斯（Kim Rockwell-Evans）

的反馈和支持。此外，特别感谢阿努斯卡·琼斯（Anouska Jones）和Exisle 出版团队成员的辛苦付出。他们从未建议修改书名或内容以错误地夸大这本书的合理目标。添加诸如"治愈""摆脱"或"战胜"的营销流行语是虚假的承诺，与本书的目的和我作为心理学家的使命背道而驰。同时，感谢本书的编辑莫妮卡·伯顿（Monica Berton），感谢她无微不至的帮助。

最后，我想感谢那位无私的肾脏捐赠者，没有他／她，本书也无法存在。肾脏捐赠是一件了不起的事，它不仅挽救了一个人的生命，还影响了无数其他人的生命。

参考文献与推荐阅读

1 (1) Vannucci, A., Flannery, K. M., and Ohannessian, C. M. (2017), 'Social media use and anxiety in emerging adults', *Journal of Affective Disorders*, 207, 163–6.
(2) Woods, H. C., and Scott, H. (2016), '#Sleepyteens: Social media use in adolescence is associated with poor sleep quality, anxiety, depression and low self-esteem', *Journal of Adolescence*, 51, 41–9.（一项针对563名年轻人的调查显示，花费在社交媒体上的时间越多，焦虑感越强。）
(3) Primack, B. A., Shensa, A., Escobar-Viera, C. G., Barrett, E. L., Sidani, J. E., Colditz, J. B., and James, A. E. (2017), 'Use of multiple social media platforms and symptoms of depression and anxiety: A nationally-representative study among US young adults', *Computers in Human Behavior*, 69, 1–9.（一项针对467名青少年的研究显示，花费在社交媒体上的时间越多，睡眠质量越差，自尊感越低，焦虑和抑郁越严重。）
(4) Hoge, E., Bickham, D., and Cantor, J. (2017), 'Digital media, anxiety, and depression in children', *Pediatrics*, 140 (Supplement 2), S76–S80.（一项针对1787名年轻人的调查显示，使用多种社交媒体平台与焦虑和抑郁程度的增加有关。）
(5) *Demographics of social media users and adoption in the United States*. Pew Research Center, Washington, DC (2015): https://www.pewinternet.org/fact-sheet/socialmedia.（皮尤研究中心自2005年以来一直跟踪社交媒体的使用情况。一篇文献综述描述了各种心理健康影响，包括焦虑加剧，不同种类的媒体和社交媒体与心理健康有关联，如今年轻人之间的互动更多是虚拟的。据报道，美国90%的年轻人每天都使用社交媒体，四分之一的青少年"几乎经常"使用社交媒体。)

2 (1) Segrin, C., Woszidlo, A., Givertz, M., and Montgomery, N. (2013), 'Parent and child traits associated with Overparenting', *Journal of Social and Clinical Psychology*, 32(6), 569–95.（父母过度干预的年轻人应对能力较差，焦虑程度更高。）
(2) Reed, K., Duncan, J. M., Lucier–Greer, M., Fixelle, C., and Ferraro, A. J. (2016), 'Helicopter parenting and emerging adult self-efficacy: Implications for mental and physical health', *Journal of Child and Family Studies*, 25(10), 3136–49.（年轻人的自我效能感越低，与焦虑和抑郁的相关性就越高。提高自我效能表示年轻人相信自己可以处理好事情，而不是依赖父母。）

3 APA Public Opinion Poll - Annual Meeting (2018): https://www.psychiatry.org/newsroom/apa-public-opinion-poll-annual-meeting-2018（2018年3月美国精神病学协会对1000名成年人进行的调查）

4 (1) Bitsko, R. H., Holbrook, J. R., Ghandour, R. M., Blumberg, S. J., Visser, S. N., Perou, R., and Walkup, J. T. (2018), 'Epidemiology and impact of health care providerdiagnosed anxiety and depression among US children', *Journal of Developmental & Behavioral Pediatrics*, 39(5), 395–403.（通过比较2003年、2007年、2011年和2012年的全国儿童健康调查数据，可以看出这一趋势。）
(2) *Most US teens see anxiety, depression as major problems*, (2019, February 20). https://www.pewsocialtrends.org/2019/02/20/most-u-steens-see-anxiety-and-depression-as-a-major-problem-among-their-peers.（根据皮尤研究中心对920名13—17岁青少年的调查，70%的青少年认为焦虑和抑郁是同龄人中的主要问题。）

5 Eagan, K., Stolzenberg. E. B., Zimmerman, H. B., Aragon, M. C., Sayson, H. W., RiosAguilar, C. (2016), *The American freshman: National norms Fall 2016*, University of California Press. https://www.heri.ucla.edu/monographs/

TheAmericanFreshman2016.pdf.（这来自一项对大学新生的调查，这项调查已经持续了 50 多年，超过 1500 万名学生参与。）

6 Mistler, B. J., Reetz, D. R., Krylowicz, B., & Barr, V. (2016), *The Association for University and College Counseling Center Directors Annual Survey*. http://files.cmcglobal.com/Monograph_2012_AUCCCD_Public.pdf.（一项针对 400 名大学心理咨询主任的调查。）

7 (1) Cannon, W. B. (1916), *Bodily Changes in Pain, Hunger, Fear, and Rage: An account of recent researches into the function of emotional excitement*, D. Appleton and Company, New York.（压力应激反应最早由沃尔特·B. 坎农 [Walter B. Cannon] 提出，安抚反应由克里斯·康托 [Chris Cantor] 提出。）
(2) Cantor, C. (2005), *Evolution and Posttraumatic Stress: Disorders of vigilance and defence*, Routledge, East Sussex.

8 Pinker, S. (2012). *The Better Angels of Our Nature: Why violence has declined*, Penguin Books, New York.（人们惨遭横死或饿死的可能性比人类历史上任何时候都低。）

9 Workshop Part 1: Dr Paul Gilbert.https://www.youtube.com/watch?v=qnHuECDlSvE（吉尔伯特博士慷慨地在 YouTube 上公开了慈悲聚焦疗法训练，这是一个很棒的视频。）

10 Strauss, C., Lever Taylor, B., Gu, J., Kuyken, W., Baer, R., Jones, F., & Cavanagh, K. (2016), 'What is compassion and how can we measure it? A review of definitions and measures', *Clinical Psychology Review*, 47, 15–27.

11 Mariotti, A. (2015), 'The effects of chronic stress on health: New insights into the molecular mechanisms of brain–body communication', *Future Science OA*, 1(3).

12 (1) Marsh, I. C., Chan, S. W. Y., and MacBeth, A. (2018), 'Self-compassion

and psychological distress in adolescents: A meta-analysis', *Mindfulness*, 9(4), 1011-27.（这是一项整合分析，也是许多针对 10—19 岁年轻人和自我关怀的研究的报告，共计 7000 多名学生参与。较强的自我关怀能力会减少情绪困扰，比如焦虑、压力、抑郁。）

(2) Kirby, J. N., Tellegen, C. L., and Steindl, S. R. (2017), 'A meta-analysis of compassion-based interventions: Current state of knowledge and future directions', *Behavior Therapy*, 48(6), 778-92.（针对成年人的 21 项研究的整合分析发现，较强的自我关怀能力能减少焦虑、抑郁和心理困扰。）

14 Cardoso, C., and Ellenbogen, M. A. (2014), 'Tend-and-befriend is a beacon for change in stress research: A reply to Tops', *Psychoneuroendocrinology*, 45, 212-3.（在"照料和结盟"反应上似乎存在性别差异，在面对社会压力时，女性比男性更多地表现出"照料和结盟"。但需要进一步研究。）

15 McGonigal, K. (2016). *The Upside of Stress: Why stress is good for you, and how to get good at it*, Avery, New York.（麦克戈尼格尔博士 [Dr McGonigal] 关于压力心态的影响的论文。在这篇论文中，"压力"是焦虑的同义词。）

16 Gilbert, P. (2010). *The Compassionate Mind*, Constable, London.

17 Abramowitz, J. S., Deacon B. J., and Whiteside S., (2019). *Exposure Therapy for Anxiety: Principles and practice* (2nd edn), Guilford Press, New York.

18 Beck, A. T. (1979). *Cognitive Therapy and the Emotional Disorders*. Meridian Books, New York.

19 Larsson, A., Hooper, N., Osborne, L. A., Bennett, P., and McHugh, L. (2016)., 'Using brief cognitive restructuring and cognitive defusion techniques to cope with negative thoughts', *Behavior Modification*, 40(3), 452-82.（与对照组相比，研究了认知重建和认知脱钩对负面想法的反应。认知重建和认知脱钩都能减少无意识负面想法带来的不适感。）

20 CDC Data and Statistics – Sleep and Sleep Disorders (2019, March 5). https://www.cdc.gov/sleep/data_statistics.html.（睡眠不足的比例因地区而异。）

21 Simon, E. B., and Walker, M. P. (2018, November), 'Under slept and overanxious: The neural correlates of sleep–loss induced anxiety in the human brain', presented at the Society for Neuroscience Annual Meeting, San Diego.

22 (1) Ströhle, A. (2008), 'Physical activity, exercise, depression and anxiety disorders', *Journal of Neural Transmission*, 116(6), 777–84. https://doi.org/10.1007/s00702-008-0092-x.
(2) Hoare, E., Milton, K., Foster, C., and Allender, S. (2016), 'The associations between sedentary behaviour and mental health among adolescents: A systematic review', *The International Journal of Behavioral Nutrition and Physical Activity*, 13(1), 108. https://doi.org/10.1186/s12966-016-0432-4.

23 Naidoo, U. (2016, April 13), 'Nutritional strategies to ease anxiety'.https://www.health.harvard.edu/blog/nutritional-strategies-to-ease-anxiety-201604139441.

24 Ganio, M. S., Armstrong, L. E., Casa, D. J., McDermott, B. P., Lee, E. C., et al. (2011), 'Mild dehydration impairs cognitive performance and mood of men', *British Journal of Nutrition*, 106(10), 1535–43.

25 Gilbert, P. (2010), *The Compassionate Mind*, Constable, London.

26 Abramowitz, J. S. (2019), *Exposure Therapy for Anxiety: Principles and practice* (2nd edn), Guilford Press, New York.

27 Craske, M. G., Hermans, D., and Vervliet, B. (2018), 'State-of-the-art and future directions for extinction as a translational model for fear and anxiety', Phil. Trans. R. Soc. B, 373(1742), 20170025.

28 Craske, M. G., Treanor, M., Conway, C., Zbozinek, T., and Vervliet, B. (2014), 'Maximizing exposure therapy: An inhibitory learning approach', *Behaviour Research and Therapy*, 58, 10–23.

29 Craske, M. G., Kircanski, K., Zelikowsky, M., Mystkowski, J., Chowdhury, N., and Baker, A. (2008), 'Optimizing inhibitory learning during exposure therapy', *Behaviour Research and Therapy*, 46(1), 5–27. https://doi.org/10.1016/j.brat.2007.10.003.

30 Knowles, K. A., and Olatunji, B. O. (2018), 'Enhancing inhibitory learning: The utility of variability in exposure', *Cognitive and Behavioral Practice*. https://doi.org/10.1016/j.cbpra.2017.12.001.

31 Craske, M. G., Treanor, M., Conway, C., Zbozinek, T., and Vervliet, B. (2014), 'Maximizing exposure therapy: An inhibitory learning approach', *Behaviour Research and Therapy*, 58, 10–23. https://doi.org/10.1016/j.brat.2014.04.006.

32 Harris, R. (2007). *The Happiness Trap: Stop struggling, start living*. Exisle Publishing, Wollombi.

图书在版编目（CIP）数据

我和我的焦虑怪兽 /（美）埃里克·古德曼著；（美）露易丝·加德纳绘；曾艺明译. -- 北京：北京联合出版公司, 2024. 10. -- ISBN 978-7-5596-7777-8
Ⅰ. B842.6-49
中国国家版本馆CIP数据核字第2024B5Y027号

Your Anxiety Beast and You by Eric Goodman
First published 2020 by Exisle Publishing Pty Ltd
Copyright © 2020 in text: Dr. Eric Goodman Ph.D.
Dr. Eric Goodman Ph.D. asserts the moral right to be identified as the author of this work.
All rights reserved.
The simplified Chinese translation rights arranged through Rightol Media
本书中文简体版权经由锐拓传媒取得 Email: copyright@rightol.com
本书中文简体版权归属于银杏树下（北京）图书有限责任公司
北京市版权局著作权合同登记 图字：01-2024-4090

我和我的焦虑怪兽

著　　者：［美］埃里克·古德曼
绘　　者：［美］露易丝·加德纳
译　　者：曾艺明
出 品 人：赵红仕
选题策划：银杏树下
出版统筹：吴兴元
编辑统筹：郝明慧
特约编辑：荣艺杰
责任编辑：高霁月
营销推广：ONEBOOK
装帧制造：墨白空间·张萌

北京联合出版公司出版
（北京市西城区德外大街83号楼9层　100088）
后浪出版咨询（北京）有限责任公司发行
嘉业印刷（天津）有限公司　新华书店经销
字数129千字　880毫米×1194毫米　1/32　6.875印张　印数5000
2024年10月第1版　2024年10月第1次印刷
ISBN 978-7-5596-7777-8
定价：45.00元

后浪出版咨询(北京)有限责任公司　版权所有，侵权必究
投诉信箱：copyright@hinabook.com　fawu@hinabook.com
未经书面许可，不得以任何方式转载、复制、翻印本书部分或全部内容
本书若有印、装质量问题，请与本公司联系调换，电话010-64072633